水利工程与施工管理应用实践

张晓涛　高国芳　陈道宇　著

吉林科学技术出版社

图书在版编目（CIP）数据

水利工程与施工管理应用实践 / 张晓涛, 高国芳, 陈道宇著. -- 长春 : 吉林科学技术出版社, 2022.8
ISBN 978-7-5578-9450-4

Ⅰ. ①水… Ⅱ. ①张… ②高… ③陈… Ⅲ. ①水利工程－施工管理 Ⅳ. ①TV512

中国版本图书馆 CIP 数据核字(2022)第 113640 号

水利工程与施工管理应用实践

著　张晓涛　高国芳　陈道宇
出 版 人　宛　霞
责任编辑　王运哲
封面设计　树人教育
制　　版　北京荣玉印刷有限公司
幅面尺寸　185mm × 260mm
开　　本　16
字　　数　290 千字
印　　张　12.5
印　　数　1–1500 册
版　　次　2022年8月第1版
印　　次　2022年8月第1次印刷

出　　版　吉林科学技术出版社
发　　行　吉林科学技术出版社
地　　址　长春市南关区福祉大路5788号出版大厦A座
邮　　编　130118
发行部电话/传真　0431-81629529　81629530　81629531
　　　　81629532　81629533　81629534
储运部电话　0431-86059116
编辑部电话　0431-81629510
印　　刷　廊坊市印艺阁数字科技有限公司

书　　号　ISBN 978-7-5578-9450-4
定　　价　44.00元

编审会

张晓涛　高国芳
陈道宇　闫建卫

前 言

PREFACE

水利水电工程产品具有固定的位置、多种多样的形式、复杂的结构及庞大的体积等，这在一定程度上决定了水利水电工程施工周期长，资源使用种类繁多、使用量较大等显著特征。与此同时，水利水电工程具备如下的特点：水利水电工程施工过程当中一般多位于河流上，为此受到自然因素的强大影响；多位于交通不便的偏远山村地区，在建筑材料的采购运输、施工设备的进出场方面成本非常高，极易受到市场价格变化的影响；水利水电工程需经过多次的论证对比，挑选最佳的施工方案，这样才能够确保整个工程的施工质量；在工程施工作业当中，施工安全问题是需要加以特别重视的一大问题。黄河是我国第二大河，发源于青藏高原，流经青、川、甘、宁、内蒙古、晋、陕、豫、鲁 9 省、自治区，注入渤海，全长 5464 公里。黄河流域水利工程的建设，对我国经济以及农业等多方面的发展都有良好的促进。本文通过分析水利工程的管理与建设工作，为广大学者的研究略尽绵薄之力。

第一章 水利工程管理……1
第一节 施工管理的基本原则……1
第二节 施工进度计划的编制……5
第三节 水利水电工程的安全管理……7
第四节 水利水电工程的信息化管理……10
第二章 水利施工导流……13
第一节 施工导流……13
第二节 导流设计流量与导流方案的选择……19
第三节 截流工程……27
第四节 围堰工程……34
第三章 水利工程地基处理……39
第一节 岩基处理方法……42
第二节 防渗墙……51
第三节 砂砾石地基处理……64
第四章 水利工程土石方工程……73
第一节 土石分级……73
第二节 石方开挖程序和方式……76
第三节 土方机械化施工……84
第四节 土石坝施工技术……94
第五节 堤防及护岸工程施工技术……108

第五章　水利工程水闸及渠系建筑物施工……117
第一节　水闸施工技术……117
第二节　渠系主要建筑物的施工技术……144
第三节　橡胶坝……153
第四节　渠道混凝土衬砌机械化施工……161

第六章　水利工程混凝土工程……174
第一节　混凝土的质量控制要点……174
第二节　钢筋工程……176
第三节　模板工程……180

参考文献……193

第一章 水利工程管理

第一节 施工管理的基本原则

根据长期的施工实践经验，结合水利水电工程特点，在组织工程项目施工过程中，作者认为应遵守以下几项基本原则。

一、认真执行工程建设程序

工程建设必须遵循的总程序主要是计划、设计和施工3个阶段。施工阶段应该在设计阶段结束和施工准备完成之后方可正式进行，如违背基本建设程序，就会给施工造成混乱，造成时间上的浪费、资源上的损失和质量上的低劣等后果。

二、搞好项目排队以保证重点和统筹安排

施工企业和施工项目经理部一切生产经营的最终目标就是尽快完成拟建工程项目的建造，使其早日交付使用或投产。这样对于施工企业的计划决策人员来说，先建造哪个部分，后建造哪个部分，就成为其通过各种科学管理手段，对各种管理信息进行优化之后作出决策的问题。通常情况下，根据拟建工程项目是否为重点工程，或是否为有工期要求，或是否为续建工程等进行统筹安排和分类排列，把有限资金优先用于国家或业主急需的重点工程项目，使其尽快地建成投产；同时照顾一般的工程项目，把一般的工程项目和重点工程项目结合起来。实践经验证明，在时间分期上和在项目上分批，保证重点和统筹安排，是施工企业和工程项目经理部在组织工程项目施工时必须遵循的。

对工程项目的收尾工作也必须重视。在建工程的收尾工作，通常是工序多、耗工多、工艺复杂和材料品种多样而工程量少，如果不严密组织，科学安排，就会拖延工期，影响工程项目的早日投产或交付使用。因此抓好工程项目的收尾工作，对早日实现工程项目效益和基本建设投资的经济效益是很重要的。

三、合理安排施工程序和施工顺序

工程建设有其自身的客观规律。这里既有施工工艺及其技术方面的规律，也有施工和施工顺序方面的规律，遵循这些规律去组织施工，就能保证各项施工活动紧密衔接和相互促进，充分利用资源，确保工程质量，加快施工速度，缩短工期。

（一）施工工艺及其技术规律

施工工艺及其技术规律，是分部（项）工程固有的客观规律，例如：钢筋加工工程，其工艺顺序是钢筋调直、除锈、下料、弯曲成型，其中任何一道工序都不能省略或颠倒，这不仅是施工工艺的要求，也是技术规律的要求。因此在组织工程项目施工过程中必须遵循建筑施工工艺及其技术规律。

（二）施工程序和施工顺序

施工程序和施工顺序是建设产品生产过程中的固有规律，建设产品生产活动是在同一场地和不同空间，同时或前后交错搭接地进行，前面的工作不完成，后面的工作就不能开始。这种前后顺序是客观规律所决定的，而交错搭接是计划决策人员争取时间的主观努力，所以在组织工程项目过程中必须科学地安排施工程序和施工顺序。

施工程序和施工顺序是随着拟建施工项目的规模、性质、设计要求、施工条件和使用功能的不同而变化的，但是经验证明其仍有可供遵循的共同规律。

四、正确处理施工项目实施过程中的各种关系

（一）施工准备与正式施工的关系

施工准备所以重要，是因为它是后续生产活动能够按时开始的充分且必要的条件。准备工作没有完成就贸然施工，不仅会引起工地的混乱，而且会造成资源的浪费，因此安排施工程序的同时，首先需安排相对应的准备工作。

（二）全场性工程与单位工程的关系

工程正式施工时，应首先进行全场性工程的施工，然后按照工程排列的顺序，逐个地进行单位工程施工。例如：平整场地、架设电线、敷设管道、修建铁路或公路等全场性的工程均应在拟建工程正式开工之前完成。这样就可以使这些永久性工程在全面施工期间为工地的供电、给水、排水和场内外运输服务。不仅有利于文明施工，而且能获得可观的经济效益。

（三）场内与场外的关系

在安排架设电线、敷设管道、修建铁路和修建公路的施工程序时，应该先场外后场内；场外由远而近，先主干后分支；排水工程要先下游后上游。这样既能保证工程质量又能加快速度。

（四）地下与地上的关系

在处理地下与地上工程时，应遵循先地下后地上、先深后浅的原则。对于地下工程要加强安全技术措施，保证其安全施工。

（五）主体结构与装饰工程的关系

一般情况下，主体结构工程施工在前，装饰工程施工在后，当主体结构工程在施工进展到一定程度之后，为装饰工程的施工提供了工作面时，装饰工程施工可以穿插进行，当然随着建筑产品生产工厂化程度的提高，它们之间的先后时间间隔的长短也将发生变化。

（六）空间顺序与施工顺序的关系

在安排施工顺序时，既要考虑施工组织要求的空间顺序，又要考虑施工工艺要求的工种顺序。空间顺序要以工种顺序为基础，工种顺序应尽可能地为空间顺序提供有利的施工条件。研究空间顺序是为了解决施工流向问题。它是由施工组织、缩短工期和保证质量的要求来决定的。研究工种顺序是为了解决工种之间在时间上的搭接问题，它必须在满足施工工艺的要求条件下，尽可能地利用工作面，使相邻两个工种在时间上合理地最大限度地搭接起来。

五、采用流水施工方法和网络计划技术

流水施工方法具有生产专业化强度高，劳动效率高；操作熟练，工程质量好；生产节奏性强，资源利用均衡；工人连续作业，工期短、成本低等特点。国内外经验证明，采用流水施工方法来组织施工，不仅能使拟建工程的施工有节奏、均衡、连续进行，而且会带来很大的技术经济效益。

网络计划技术是当代管理计划的最新方法，它应用网络图形表达计划中各项工作的相互关系，它具有逻辑严密和思维层次清晰；主要矛盾突出，有利于计划的优化、控制和调整；有利于电子计算机在计划管理中的应用等特点。因此它在各种管理中都得到了广泛的应用。实践证明，在施工企业和工程项目经理部计划管理中，采用网络计划技术，其经济效益更为显著。

为此在组织工程项目施工时，采取流水作业和网络计划技术是极为重要的。

六、科学安排冬季和雨季施工

由于施工企业产品生产露天作业的特点，因此拟建工程项目的施工必然要受到气候和季节的影响，冬季的严寒和夏季的多雨，都不利于建筑施工的正常进行。如果不采取相应的可靠的技术措施，全年施工的均衡性、连续性就不可能得到保证。

随着施工工艺及其技术的发展，冬季和雨季进行正常施工已不再成为难题。但需采取一些特殊的技术措施，并需增加费用，因此在安排施工进度计划时应当周密地对待，恰当地安排冬季和雨季施工的项目。

七、提高建筑工业化程度

施工技术进步的重要标志之一是建筑工业化；而建筑工业化主要体现在认真执行工厂预制和现场预制相结合的方针，努力提高建筑机械化程度。

建筑产品的生产需要消耗巨大的社会劳动。在建筑施工过程中，尽量以机械化施工代替手工操作，尤其是大面积的平整场地、大量的土（石）方工程，大批量的装卸和运输，大型钢筋混凝土构件或钢结构构件的制作和安装等繁重施工过程的机械化施工，对于改善劳动条件，减轻劳动强度和提高生产率等其他经济效益都很显著。

目前我国施工企业的技术装备程度还很不够，满足不了生产的需要，为此在组织工程项目施工时，要因地、因工程制宜，充分利用现有的机械设备。在选择施工机械过程中，要进行技术经济比较，使大型机械和中小型机械结合起来，使机械化和半机械化结合起来，尽量扩大机械化施工范围，提高机械化施工程度。同时要充分发挥机械设备的生产率，保持其作业的连续性，提高机械设备的利用率。

八、采用国内外先进的施工技术和科学管理方法

先进的施工技术与科学的施工管理手段相结合，是改善建筑施工企业和工程项目经理部的生产经营管理素质，提高劳动生产率，保证工程质量，缩短工期，降低工程成本的重要途径。为此在编制施工组织设计时应广泛地采用国内外先进的施工技术和科学的施工管理方法。

九、合理储备物资以减少物资运输量

科学地布置施工平面图施工时，对暂设工程和大型临时设施的用途、数量、建造方式等方面，要进行技术经济等方面的可行性研究，在满足施工需要的前提下，使其数量最少、造价最低。这对于降低工程成本和减少施工用地都是十分重要的。

建筑产品生产所需要的建筑材料、构（配）件、制品等种类繁多、数量庞大。

各种物资的储存数量、方式都必须科学合理。对物资库存采用ABC分类法和经济订货批量法。在保证正常供应的前提下，其储存数额要尽可能地减少。这样可以大量减少仓库和堆场的占地面积。对于降低工程成本，提高工程项目经理部的经济效益都是事半功倍的好办法。

建筑材料的运费在工程成本中所占比重相当可观，因此在组织工程项目施工时，要尽量采用当地资源，减少其运输量，同时应选择最佳的运输方式、工具和线路，使其运输费用最低。

减少暂设工程的数量和物资的储备数量，为合理地布置施工平面图提供了有利条件。施工平面图在满足施工的情况下，尽可能使其紧凑和合理，减少施工用地，有利于降低成本。

上述原则，既是建筑产品生产的客观需要，又是加快施工速度、缩短工期，保证工程质量，降低工程成本，提高施工企业和项目经理部的经济效益的需要，所以必须要在工程项目施工过程中认真地贯彻执行。

第二节　施工进度计划的编制

水利建设项目能否在预定工期内建成并投入运行，涉及因素较多，其中有一条很重要，就是需编制出一套完整、客观、周密的施工进度计划。否则，往往发生脱节、窝工、停工、待料、拖延工期、浪费人力及闲置设备等现象。作者通过施工进度计划的实践体会到，要使施工进度计划具有科学性、实用性和准确性，应充分考虑以下因素。

一、进度计划的合理性

编制施工进度计划需要注意如下事项：

（1）要使计划符合招标文件意图，完全遵守招标的期限。

（2）要使计划细致、周到、全面，既要有总体计划，又要有分部、分项、分段计划；既不能漏项，又不能重项；既需要符合逻辑，又要符合施工程序要求。

（3）要把计划书实际编制成整体施工方案书，在充分保证施工进度的基础上，要有具体的任务分解目标，人员、机械和物资的使用及配置方法，管理办法和职责，以及完成任务的具体措施等。

（4）计划书要有科学的预见性，对于突发问题，要有避免的措施和解决的办法。

二、进度计划的可操作性

要分析和预测对工程进度有影响的因素，及所要采取的措施以适应变化，以此来确定有效的施工工期，实现工程计划的总目标，尽量缩小计划进度与实际进度的偏差。

（一）人为因素

在拟定进度计划书时，要充分考虑人对施工全过程的影响，主要包括是否对项目特点有准确的认识，是否对施工现场全面掌握，勘察数据是否准确，施工采用的方法是否得当，投入的人力及装备规模是否充足，领导者的指挥是否正确，管理方法是否严格，质量检查是否及时规范，责任是否明确，奖惩是否兑现，以及由人为因素造成损失的补救办法等。

（二）技术因素

在施工当中要充分考虑到技术的特点、难度和实现办法，诸如施工现场与设计图纸是否相符，数据是否正确，设计方案所要求的技术特点、规程和质量标准，以及施工者自身的技术水平状况和为实现要求所采取的必要措施。

（三）材料因素

水利水电工程施工多为远距离作业，因此应当充分考虑到材料的因素，如物资供应情况、市场价格变化情况，防止材料供应不及时，造成工期延后现象。

（四）设备因素

根据工程的特点准备相应的施工设备，做到施工设备的先进性和良好的工作状态。

（五）资金因素

资金计划的安排与总进度计划是否相匹配，工程项目计划的实施内容，能否和分配的投资、材料、机械、设备、劳务等要素相适应。资金不能及时到位所带来的进度影响的解决办法。

（六）气候环境因素

水利水电工程建设都为露天作业，受气候因素影响较大，所以要有充分的思想准备和解决的办法。

（七）环境因素

如交通运输、供水和供电等外部条件。

在目前条件下，监理单位协助施工单位作好施工计划，充分地进行分析论证，从理论到实际工程，要切合实际地保证人员、设备和材料的准备，控制有效的施工天数，充分估计风险因素影响，指导承包商编制出工程造价低、投资少、工期短、质量好、应变能力强，以及确保进度、实现目标的施工计划，这是工程监理部的一项重要工作，只有抓好这项工作，才能使水利水电工程建设达到工简效宏的效果。

第三节　水利水电工程的安全管理

在水利水电工程建设中，施工安全管理是一项重要的工作，没有安全上的保证就谈不上质量、进度和投资三大目标的实现，更谈不上社会效益。由于水利水电工程建设具有点多面广、人员分散、管理难度大、薄弱环节多的特点，与一般建筑工程比较，施工中存在更多、更大的安全隐患，做好水利水电工程施工安全管理工作就尤为重要。结合近年来在水利水电工程施工安全管理中的实践，作如下浅论，以供探讨。

一、建立管理组织机构，明确职责

水利水电工程建设的参建单位和涉及的专业比较多。要把整个工程的各施工单位、各施工班组的安全管理抓上去，就要建立一个统一的、完善的安全管理组织机构。使各参建单位在安全生产工作上分工协作，做到职责分明、各有侧重，防止在安全管理工作中出现管理真空，或者谁都在管，结果都管不好的情况。整个工程项目应该成立由建设单位牵头，由建设单位、监理、施工、设计等项目负责人参加的工程安全生产领导小组。该机构在整个工程项目的安全生产工作中负全面责任，对整个工程项目安全管理工作进行总体的监督、协调。

（一）参建单位项目部是落实安全生产第一责任人

各参建单位项目部在工程安全生产领导小组的统一领导协调下，把本单位体系内成立的安全生产管理纳入到领导小组体系内，并落实各级安全生产第一责任人。如施工单位，项目经理是其项目部安全生产工作的第一责任人，施工班组长是其班组安全生产工作的第一责任人；而对监理单位来说，总监是项目监理部安全监理工作的第一责任人，标段监理工程师是其负责监理组安全监理工作的第一责任人。通过各级安全生产工作第一责任人的落实，使工程建设过程中的安全生产工作层层管理，保障整个工程项目的各级安全管理的纵向调控。

（二）领导小组要明确各参建单位的安全管理职责

建设单位主要为工程建设安全生产工作创造外部环境；设计单位主要为安全生产工作提供技术防护措施；施工单位主要负责安全生产的具体落实工作；施工监理主要负责对施工现场安全情况进行监督。各参建单位项目部也要根据各自的安全管理职责建立健全各自的安全生产管理体系。通过明确职责和建立相应的安全生产管理体系，使各参建单位建立横向联系，各负其责。

（三）要通过建立管理组织机构来明确职责

为使整个工程项目的安全管理有布置、有实施、有检查和有监督，把安全生产管理由过去各参建单位各自为政和各行其是的分散、脱离、割裂的落后状况，改变为由各参建单位分头实施。采用安全管理联控联动的管理模式，做到在整个工程安全管理上有总控；在各项目子系统上有分控，横向信息畅通，先进管理方法能交流共享，安全隐患和事故能互通共警，形成整个工程安全管理的整体联控联动，提高安全管理的整体性、灵活性和效能性。

二、识别危险源，制定安全措施

（一）危险源的分析和识别

水利水电工程往往具有工程规模较大、施工难度高、技术复杂、施工对象多的特点，因此安全隐患也往往较多。针对具体水利水电工程项目，参建各方应该组织技术和安全管理人员事先识别危险源并确定本工程项目的重大危险源。施工危险源的分析和识别可以从危险源形成的要素、发生的时间、分布的地点、发生的状态等方面进行排查。工程项目重大危险源应根据危险源对安全施工的影响程度进行危险源评价后确定。

（二）水利水电工程常见的危险源

常见的危险源：石料场开采；爆炸置换法处理软基；基坑、泄槽、明渠、竖井及沟槽等开挖工程；高边坡及洞挖工程；水平混凝土模板支撑系统、高大模板工程以及各类工具式模板工程，包括滑模、爬模、大模板等；起重吊装；高水头压力管及压力容器；爆炸品、压缩及液化气体、易燃及自燃物品、有毒品和腐蚀品；对工程周边设施和居民安全可能造成影响的分项分部工程；其他专业性强、危险性大、交叉施工等易发生重大事故的施工部位及作业活动等。

（三）危险源的安全措施

危险源和重大源确定后，参建各方应以合同约定安全责任，各司其职。施工单位应针对承建项目范围内的危险源书面制定专项施工安全措施，并对施工技术人员进行安全交底。在危险源工程的施工过程中，项目监理部应按制度规定进行巡视、旁站检查。参建各方在危险源工程施工安全措施实施后，应及时进行验收。

三、要对农民工进行安全教育培训

近年来，水利水电工程工地招用农民工普遍文化层次较低，加之分配工种的多变，使其安全适应和应变能力相对较差，也增加了安全隐患。施工单位应做到先培训后上岗，加强对农民工的安全生产学习和系统培训，增强他们的安全意识，提高他们的操作技术。工程安全生产领导小组可以建立安全监督激励机制，对遵守安全规章表现好的农民工进行表彰。

四、要做好施工准备阶段的安全管理

安全第一，预防为主。要保证整个施工期间的安全，首先应以人为本抓好施工准备阶段的安全管理。其次抓好安全教育，在思想上绷紧安全这根弦；制定安全制度，进行制度教育；利用施工组织设计交底，进行安全施工技术教育。通过安全教育，强化项目经理、技术负责人、广大职工及农民工的安全责任意识。切实改变职工心中你要我安全的心态，变成我要安全的心态。通过制度和技术教育，使每一位参建人员对工程施工总的安全要求和安全措施心中有底。进行持证上岗。通过持证上岗管理，杜绝无证上岗现象。

五、要做好施工过程的安全管理

在水利水电工程施工安全管理工作中，施工过程的管理和监控是过程性的，管理的时间长、跨度大、涉及面广，同时也是管理是否有效直接接受检验的阶段。在施工过程的安全管理中，既要统筹兼顾、不留死角，又要集中力量、抓好重点。根据实践，施工过程的安全管理要做好以下三个方面的工作。

（一）控制两个关键，保证安全生产

两个关键是指关键施工对象（包括重大危险源）和关键施工工序。这两个关键应作为安全管理布控的部位，并执行切实有效的安全检查制度和专人安全盯岗制度，真正做到制度落实、检查落实、责任落实，保证施工安全。

（二）坚持标准化管理确保全员、全过程、全方位安全生产

控制项目施工中每一天的施工对象，作业人员及作业程序，安全注意事项及安全措施均应执行标准化要求和规定。使作业人员在施工前和施工时都能做到施工地点明确、施工对象明确、工作要求明确、安全注意内容明确。杜绝因情况不清、职责不明、盲目施工导致的安全隐患。

（三）要在作业现场抓安全管理

水利水电工程施工作业现场是安全管理的最终落实点，也是隐患和安全事故最终发生的地点，必须严格把握作业现场的安全作业。建立和健全各类现场作业管理制度和责任制。设专职安全检查员监督实施，发现任何安全事故隐患和苗头以及违章操作，立即采取相应措施，并严肃查处。

综上所述，水利水电工程安全管理是一项复杂的系统工作，需要参建各方和所有参建人员同心协力，把专业技术、生产管理和安全教育结合起来，在安全管理中采用系统管理理论，做好建立管理组织机构，明确职责、识别危险源，制定安全措施以及施工各阶段的安全生产监控等全过程、全方位的管理控制，才能收到最佳效果。

第四节　水利水电工程的信息化管理

施工企业做大做强，需要有自己的核心竞争力。核心竞争力打造的3个途径是总成本领先、差异化和目标聚焦。实现总成本领先又离不开企业管理创新实践。管理思想创新和模式创新的落地需要信息化工具的支持。

信息化的建设不能脱离管理，同时要重视和应对“管理变化”对信息化的影响，要建设“有生命力”的管理信息系统。

一、施工企业做大做强需要有自己的核心竞争力

民工工资不断上涨、发改委密集审批投资项目、“营业税改增值税”步伐越来越近……施工企业内外部环境的一系列变化，不得不让企业经营者审视企业的以前、现在和未来。在这样的环境下，“企业如何生存，如何发展”的问题变得比以往任何时候都清晰地摆在了管理者面前，需要企业管理者思考自身的价值和核心竞争力。

二、核心竞争力打造的重要途径是总成本领先

美国著名经济学家迈克尔•波特提出三个基本竞争战略：总成本领先战略（Overall Cost Leadership）、差异化战略（Differential Strategy）及目标聚集战略（Objectives Focus），涉及管理最多的是“总成本领先战略”。总成本领先不是简单地压低供应商的材料价格、克扣劳务人员的工资，关键在“总”字上，是在更加长远、更加宏观的角度，看成本以及产生“价值”的关系。

比如，某企业在劳动力紧缺的整体大环境下，调整公司人才战略，对技术工人进行劳务直管、工资直发，这虽然引发了部分项目劳务人员“窝工”但照拿工资的

情况，但是，它保证了技术工人的稳定性，从而保证了其建筑产品的品质，保证了企业“精装施工第一品牌”的核心地位，保证了新项目的“利润空间”。

三、总成本领先离不开企业管理创新实践

目前各个施工企业所处的环境是相同的。最低价中标、地方保护与重复征税、偏向出资方的保证金制度等。但是企业实现“总成本领先”的管理实践可以结合企业现状进行。小企业做大，大企业做强，强企业做百年老店。

企业管理创新实践包括了企业区域市场的扩张；包括在扩大基础设施投资情况下，企业对行业以及专业市场的扩展；包括在施工利润越来越低的情况下，对施工企业上下游价值链，如设计、半成品加工销售、BT和BOT项目合作、物业等的上下游市场的开拓；包括设计采购施工总包、设计施工总包、管理总包、项目代建等多种承包模式的开展；包括与建筑业产业相关的多元化发展，比如建材市场、劳务输出、担保公司等。当然，这一系列的管理创新实践必然会给企业带来新的挑战：开拓区域市场，势必会有异地管理风险；开拓行业市场、上下游市场需要资质、需要人才、需要技术；进行承包模式的变革需要更加清晰合理的绩效；相关多元化发展需要更多的资源。这些挑战，需要企业管理能力的提升来应对，包括：标准化能力，知识积累与传承能力，信息沟通能力，权责明确能力，企业资源最大化利用能力等。

四、管理创新的落地需要信息化工具的支持

在企业新的管理实践中，势必会发现企业在实践过程中带来的机遇和挑战，这就像火车，管理实践是火车头，各种机遇和挑战是车厢。只有通过“能力”这一铰链把火车头和车厢连起来，企业这列“和谐号”才可以快速地运营和发展。

众所周知，信息化在计算能力、标准化能力以及信息积累沟通能力上是传统手段不可比拟的。将企业管理的创新真正落地，离不开信息化的支持。利用信息化提升企业运营管理能力，降低管理风险是一种很好的手段与工具。

比如，某企业进行了合格供方入库审批制度，所有的项目分包必须是合格供方数据库中的企业，但是在传统手工模式下，由于信息的不对称，某“骗子公司”在某施工企业下属第一分公司进行项目合作期间，被项目部及时发现风险，果断地中止合作。3个月后，这家公司又与下属第三分公司进行了合作，公司的损失在继续……

比如，某企业进行了管理标准化的建设，请了咨询公司进行管理流程的梳理。为规避项目支付风险，要求项目支付必须满足以下3个条件：

（1）项目账户上有足够的钱。

（2）分包或采购必须有合同（或协议）。

（3）必须有收款单位盖章以及项目部完工确认的清款单。这样做可以规避风险，但是由于缺少有效的手段，这项制度在推行了3个月后，由于配合的项目部越来越少，

逐渐又回到了原来的状态。

比如，某企业规定，专业分包合同、劳务分包合同、采购合同支付比例控制，专业分包合同达到90%以上的支付，需要公司总经理审批。但是执行一年后的公司内部审计发现，工程量“超审”和合同“超支”现象还是经常在发生。

信息化利用其标准化能力、计算能力以及信息积累能力，支持企业管理创新和各项管理实践的落地与执行。企业的标准化包括制度的标准化、流程的标准化、表单与报表的标准化。信息化以此为基础，同时又为这些标准化的执行提供帮助。

通过信息化协助后的企业管理标准化，“骗子公司”可以在项目合作前被禁止；“流程”在业务指导、知识帮助以及工作要求的驱动下，快速流转；支付在审批过程中“被提醒”，审计工作也被提前，并且自动进行。

五、信息化建设需要重视变化和重视“生命力”

信息化虽为企业管理创新提供了支持，但是信息化的建设是有一个过程的，不能一蹴而就。同时，需要重视管理创新与变化对信息化的影响，重视信息化的“生命力”。

（一）信息化是一个项目建设的“过程”

管理信息化更像一个“项目”，需要结合企业管理现状进行“设计”工作；需要搭建服务器网络、制定信息化制度、进行编码规范等“基础”工作；需要对集团、分（子）公司、项目部进行功能建模，搭建信息化应用“框架”；需要进行流程设计、表单设计、报表设计等类似“水电安装、初装修、精装修”等。

（二）信息化的应用是为管理服务的

信息化的应用不是来束缚管理的，需要充分考虑信息化管理的范围，考虑信息化投入与产出的关系，找到“想不想管”和“有没有必要管”的平衡点。信息化要做到“能用”“易用”“想用”，才能有生命力。只有用起来，信息化才能“活下来”。

最后，信息化“活下来”以后，一方面伴随企业的管理创新实践要不断进行改进，另一方面信息化也在促进企业管理创新，企业势必会在业务管理流程、审批流程、管理表单、管理报表、管控的深度和频次等方面进行变化。这里就存在一个信息化实施与运维的重点，即“信息化的循环系统”。

只有解决了信息化生命力的问题，信息化才可能为企业管理标准化、管理创新服务，并且最终产出信息化应用价值。

第二章　水利施工导流

第一节　施工导流

一、施工导流的任务

在河流上修建水工建筑物，施工期往往与通航、筏运、渔业、灌溉或水电站运行等水资源综合利用的要求发生矛盾。

水利水电工程整个施工过程中的施工导流，广义上说可以概括为采取“导、截、拦、蓄、泄”等工程措施，来解决施工和水流蓄泄之间的矛盾，避免水流对水工建筑物施工的不利影响，把水流全部或部分地导向下游或拦蓄起来，以保证水工建筑物的干地施工和在施工期不受影响或尽可能提高施工期水资源的综合利用。

施工导流设计的任务：根据水文、地形、地质、水文地质、枢纽布置及施工条件等基本资料，选择导流标准，划分导流时段，确定导流设计流量；选择导流方案及导流建筑物的形式；确定导流建筑物的布置、构造及尺寸；拟定导流建筑物的修建、拆除、堵塞的施工方法以及截流、拦洪度汛和基坑排水等措施。

二、施工导流的概念

施工导流就是在河流上修建水工建筑物时，为了使水工建筑物在干地上进行施工，需要用围堰围护基坑，并将水流引向预定的泄水通道往下游宣泄。

三、施工导流的基本方法

施工导流的基本方法大体上可分为两类：一类是分段围堰法导流，水流通过被束窄的河床、坝体底孔、缺口或明槽等向下游宣泄；另一类是全段围堰法，水流通过河床以外的临时或永久隧洞、明渠或涵管等向下游宣泄。

除了以上两种基本导流形式以外，在实际工程中还有许多其他导流方式。如当泄水建筑物不能全部宣泄施工过程中的洪水时，可采用允许基坑被淹的导流方法，在山区性河流上，水位暴涨暴落，采用此种方法可能比较经济；有的工程利用发电厂房导流；在有船闸的枢纽中，利用船闸闸室进行导流；在小型工程中，如果导流设计流量较小，可以穿过基坑架设渡槽来宣泄导流流量等。

四、分段围堰法导流

（一）基本概念

分段围堰法（也称分期围堰法）：就是用围堰将水工建筑物分段分期围护起来进行施工的方法。如图2-1所示为两段两期导流的例子。首先在右岸进行第一期工程的施工，河水由左岸束窄的河床向下游宣泄。在修建一期工程时，为使水电站、船闸等早日投入运行发挥效益，满足初期发电和施工的要求。应优先安排水电站、船闸的施工，并在建筑物内预留导流底孔或缺口，以满足后期导流。到第二期工程施工时，河水经过底孔或缺口等向下游宣泄。对于临时底孔，在工程接近完工或需要时要加以封堵。

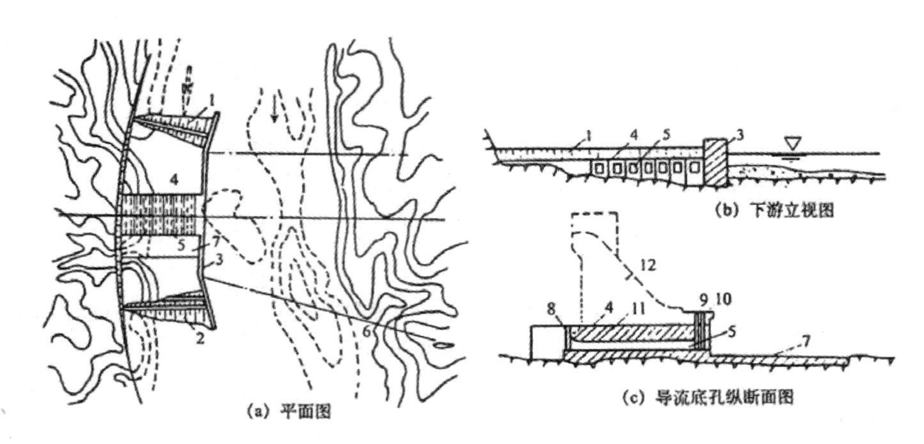

图2-1　分段分图题移此围堰法导流

1．一期上游横向围堰；2．一期下游横向围堰；3．一、二期纵向围堰；4．预留缺口；5．导流底孔；6．二期上下游围堰轴线；7．护坦；8．封墙闸门槽；9．工作闸门槽；10．事故闸门槽；11．已浇注的混凝土坝体；12．未浇筑的混凝土坝体

如三峡水利枢纽施工总工期17年，分为三个阶段，施工导流分为两段三期。第一阶段，1993—1997年（包括准备2年），主要施工任务包括右岸开挖导流明渠，并浇筑混凝土纵向围堰（右导墙），左岸岸上建筑物开挖及部分混凝土浇筑。在此阶段水流从主河床向下游宣泄。1997年11月8日长江（大江）截流。第二阶段，1998—2003年，1998年5月1日临时船闸通航。主要施工任务为河床及左岸建筑物的施工。2002年河床大坝混凝土浇筑至坝顶185m，2002年11月6日导流明渠（三期）截流，形成三期基坑。2003年工程开始蓄水、发电、通航。在此施工阶段水流通过右岸明渠向

下游宣泄。第三阶段，2004—2009年，主要施工任务为右岸建筑物的施工。在此施工阶段水流通过水轮机组和导流底孔向下游宣泄。

（二）分段与分期的概念

所谓分段就是在空间上用围堰将建筑物分成若干施工段进行施工。所谓分期就是在时间上将导流分为若干时期。段数分得越多，围堰工程量越大，施工也越复杂；同样，施工期数分得越多，工期可能拖得越长。因此，在工程实践中应合理地选择施工分段和分期，二段二期导流方案采用得最多。

（三）导流程序

施工前期水流通过被束窄的河床向下游宣泄，施工后期水流通过预留的泄水通道或永久建筑物向下游宣泄。

后期泄水方式包括坝体底孔、缺口、明渠等。

采用底孔导流时，应事先在混凝土坝体内修好临时底孔或永久底孔，导流时让全部或部分导流流量通过底孔宣泄到下游，保证工程继续施工。如果是临时底孔，则在工程接近完工或需要蓄水时加以封堵。这种方法在分段分期修建混凝土坝时用得较为普遍。临时底孔的断面多采用矩形，为了改善底孔周围的应力状况，也可采用有圆角的矩形。按水工结构要求，孔口尺寸应尽量小。底孔导流的优点是挡水建筑物上部的施工不受水流干扰，有利于均衡连续施工，这对修建高坝特别有利。

坝体缺口导流，在混凝土坝施工过程中，汛期河水暴涨暴落，其他导流建筑物不足以宣泄全部导流流量时，为了不影响施工进度，使大坝在涨水时仍能继续施工，可以在未建成的坝体上预留缺口，以便配合其他导流建筑物宣泄洪峰流量，待洪峰过后，上游水位回落，再继续修建缺口部分。

（四）纵向围堰位置的选择和河床束窄度的确定

在分段围堰法导流中，纵向围堰位置的确定，是河床束窄度选择的关键问题之一。

纵向围堰位置的确定应考虑如下因素：

（1）束窄河床流速满足施工期通航、筏运、围堰和河床防冲等的要求，不能超过允许流速；

（2）各段主体工程的工程量、施工强度比较均衡；

（3）便于布置后期导流的泄水建筑物，不致使后期围堰过高或截流落差过大，造成截流困难；

（4）结合永久建筑物布置，尽量利用永久建筑物的导墙、隔离体等；

（5）地形条件，束窄河床的允许流速，一般取决于围堰及河床的抗冲允许流速；但在某些情况下，也可以允许河床被适当刷深，或预先将河床挖深、扩宽，采取防冲措施。在通航的河道上，束窄河段的流速、水面比降、水深及河宽等还应与当地通航部门共同协商研究来确定。

河床束窄度可用下式来表示：

$$K = \frac{A_2}{A_1} \times 100\% \tag{2-1}$$

式中：K——河床束窄程度，简称束窄度，%；

A_1——原河床的过水面积，m^2；

A_2——围堰和基坑所占的过水面积，m^2。

国内外一些工程的K值取值范围在40%～70%。

束窄河床平均流速，可按下式确定：

$$v_c = \frac{Q}{\varepsilon(A_1 - A_2)} \tag{2-2}$$

式中：v_c——束窄河床的平均流速，m/s；

Q——导流设计流量，m^3/s；

ε——侧收缩系数，单侧收缩时采用0.95，两侧收缩时采用0.90。

由于围堰使河床束窄，破坏了河流原来的水流状态，在束窄段前产生水位壅高，如图2-2所示，壅水高度可由下式估算：

$$z = \frac{v^2{}_c}{\varphi^2 2g} - \frac{v^2{}_0}{2g} \tag{2-3}$$

式中：z——壅高，m；

φ——流速系数，随围堰布置形式而定；

v_c——行进流速，m/s；

g——重力加速度，$9.81m/s^2$。

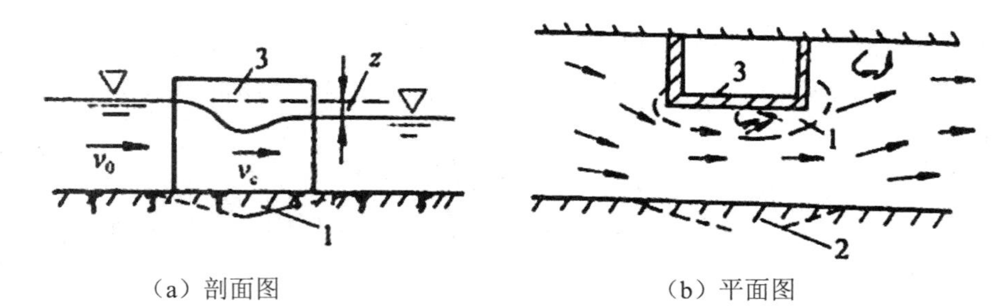

（a）剖面图　　（b）平面图

图2-2　分段围堰束分图题移图题下窄段水力计算图

1、2．冲刷地段；3．围堰

五、全段围堰法导流

（一）基本概念

在河床主体工程的上下游各修建一道拦河围堰，使河水经河床以外的临时泄水道或永久泄水建筑物下泄。主体工程建成或接近建成时，再将临时泄水通道封死。

（二）分类

隧洞导流、明渠导流和涵管导流。

（三）随洞导流

隧洞导流是在河岸中开挖隧洞，在基坑上下游修筑围堰，河水经由隧洞下泄。图2-3为黄河流域青海省龙羊峡水电站隧洞导流。

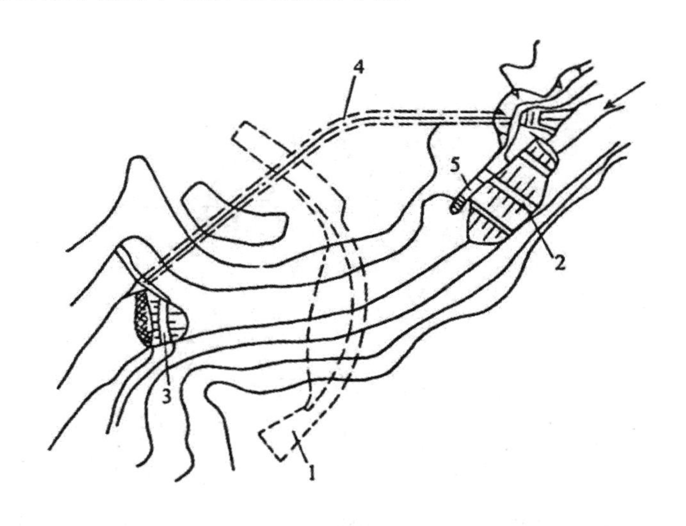

图2-3　青海省龙羊峡水电站隧洞导流

1．混凝土坝；2．上游围堰；3．下游围堰；4．导流隧洞；5．临时溢洪道

适用条件：适用于山区河流，河谷狭窄、两岸地形陡峻，岩石坚硬的工程。

布置原则：导流隧洞的布置，决定于地形、地质、枢纽布置以及水流条件等因素。

①将隧洞布置在完整新鲜的岩层中。为防止沿线可能产生的大规模塌方，应避免洞线与岩层、断层、破碎带平行。洞线与岩石层面交角在45°以上，层面倾角也以不小于45°为宜。

②利用坝趾附近有利地形，尽量使洞线顺直。河道弯曲时宜布置在凸岸，不仅缩短了洞线，且水力条件较好。

③对有压隧洞和低流速无压隧洞，转弯半径应大于5倍洞宽，转折角不宜大于60%弯道上下游过渡段，直线长度大于5倍洞宽，高流速无压隧洞应尽量避免转弯。

④进出口与河道主流方向的夹角不宜太大，出口交角小于30°，进口可适当放宽要求。

⑤采用两条以上隧洞导流时，洞间壁厚一般不小于开挖洞宽的2倍。

⑥隧洞进出口距上下游围堰坡脚和永久建筑物应有足够的距离。一般应大于50m。

⑦应有足够的埋深。

⑧控制底坡。

⑨与永久建筑物结合。

（四）明渠导流

明渠导流是在河岸上开挖渠道，在基坑上下游修筑围堰，河水经渠道下泄，如图2-4所示。

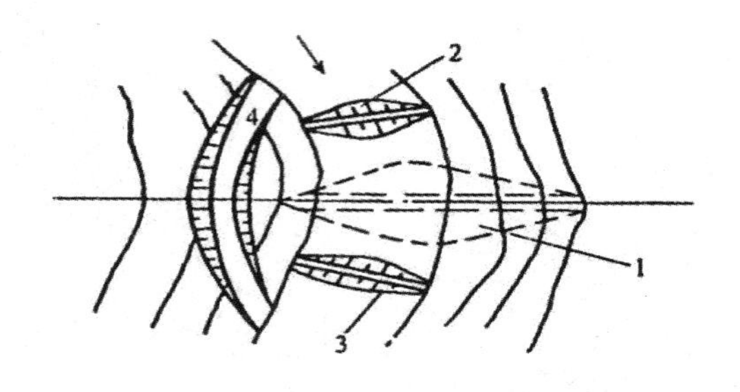

图2-4　明渠导流

1．坝体；2．上游围堰；3．下游围堰；4．导流明渠

适用条件：适用于岸坡平缓或有宽广滩地的平原河道。

导流明渠的布置一定要保证水流顺畅，泄水安全，施工方便，缩短轴线，减少工程量。具体应：明渠进出口应与上下游水流相衔接，与河道主流的交角以小于30°为宜；为保证水流畅通，明渠转弯半径应大于5倍渠底宽度；明渠进出口与上下游围堰及其他建筑物要有适当的距离，一般以50～100m为宜，以防明渠进出口水流冲刷建筑物；为减少水流向避坑内渗流，明渠水面到基坑水面之间的最短距离以大于2.5～3.0H为宜，其中，H为明渠水面与基坑水面的高差，以米（m）计；尽量与永久建筑物结合和充分利用天然的古河道、垭口等有利地形；必须充分考虑挖方的利用；防冲问题应引起足够重视，尽量减小糙率；在设计时应考虑封堵措施。

第二节　导流设计流量与导流方案的选择

导流设计流量是选择导流方案、设计导流建筑物的主要依据。导流设计流量一般需结合导流标准和导流时段的分析来决定。

一、导流标准

导流标准是选择导流设计流量进行施工导流设计的标准，它包括初期导流标准、坝体拦洪时的导流标准等。

施工初期导流标准，按《水利水电工程施工组织设计规范》（SL 303—2004）的规定，首先需根据永久建筑的级别确定临时建筑物的级别，然后根据保护对象、失事后的后果、使用年限及工程规模等将导流建筑物分为III～V级。再根据导流建筑物的级别和类型，在规范规定的幅度内选定相应的洪水道现期作为初期导流标准。

（一）工程等级的划分

水利水电工程等级划分：根据《水利水电工程等级划分及洪水标准》（SL 252—2000）的规定，水利水电工程按其工程规模、效益及在国民经济中的重要性，划分为Ⅰ、Ⅱ、Ⅲ、Ⅳ、Ⅴ5个级别，适用于不同地区、不同条件下建设的防洪、灌溉、发电、供水和治涝等水利水电工程，见表2-1。

表2-1　水利水电工程分等指标

工程级别	工程规模	水库总库容/（$\times 10^8 m^3$）	防洪		治涝	灌溉	供水	发电
			保护城镇及工矿企业的重要性	保护农田/（$10^4 m^2$）	治涝面积/（$10^4 m^2$）	灌溉面积/（$10^4 m^2$）	供水对象重要性	装机容量/（$\times 10^4 kW$）
Ⅰ	大（1）型	≥10	特别重要	≥500	≥200	≥150	特别重要	≥120
Ⅱ	大（2）型	1.0～10	重要	100～500	60～200	50～150	重要	30～120
Ⅲ	中型	0.10～1.0	中等	30～100	15～60	5～50	中等	5～30
Ⅳ	小（1）型	0.01～0.10	一般	5～30	3～15	0.5～5	-般	1～5
Ⅴ	小（2）型	0.001～0.01		<5	<3	<0.5		<1

注：水库总库容指水库最高水位以下的净库容；治涝面积和灌溉面积均指设计面积。

对综合利用的水利水电工程，当按各综合利用项目的分等指标确定的等别不同时，其工程等别应按其中最高等别确定。

拦河水闸工程的等别，应根据其过闸流量，按表2-2确定。

表2-2　拦河水闸工程分等指标

工程级别	工程规模	过闸流量/($m^3 \cdot s^{-1}$)
I	大（1）型	≥5000
II	大（2）型	1000～5000
III	中型	100～1000
IV	小（1）型	20～100
V	小（2）型	<20

灌溉、排水泵站的等别，应根据其装机流量与装机功率，按表2-3确定。工业、城镇供水泵站的等别，应根据其供水对象的重要性，按表2-3确定。

表2-3　灌溉、排水泵站分等指标

工程级别	工程规模	分等指标	
		装机流量/$m^3 \cdot s^{-1}$	装机功率/$\times 10^4$V·kW
I	大（1）型	≥200	≥3
II	大（2）型	50～200	1～3
III	中型	10～50	0.1～1
IV	小（1）型	2～10	0.01～0.1
V	小（2）型	<2	≤0.01

注：装机流量、装机功率系指包括备用机组在内的单站指标；当泵站按分等指标分属两个不同等别时，其等别按其中高的等别确定；由多级或多座泵站联合组成的泵站系统工程的等别，可按其系统的指标确定。

水工建筑物级别：水利水电工程中水工建筑物的级别，反映了工程对水工建筑物的技术要求和安全要求。应根据所属工程的等别及其在工程中的作用和重要性分析确定。

永久性水工建筑物级别。水利水电工程的永久性水工建筑物的级别，应根据其所在工程的等别和建筑物的重要性确定为五级，分别为1、2、3、4、5级，见表2-4。

表2-4 永久性水工建筑物级别

工程级别	主要建筑物	次要建筑物
I	1	3
II	2	3
III	3	4
IV	4	5
V	5	5

堤防工程的级别，应按《堤防工程设计规范》（GB 50286—2013）确定。穿堤水工建筑物的级别，按所在堤防工程的级别和与建筑物规模相应的级别高者确定。

临时性水工建筑物级别。水利水电工程施工期使用的临时性挡水和泄水建筑物的级别，应根据保护对象的重要性、失事后果、使用年限和临时性建筑物规模，按表2-5确定。

表2-5 临时性水工建筑物级别

级别	保护对象	失事后果	使用年限/年	临时性水工建筑物	
				高度/m	库容/$\times 10^8 m^3$
III	有特殊要求的1级永久性水工建筑物	淹没重要城镇、工矿企业、交通干线或推迟总工期及第一台（批）机组发电，造成重大灾害和损失	＞3	＞50	＞1.0
IV	1、2级永久性水工建筑物	淹没一般城镇、工矿企业，或影响工程总工期及第一台（批）机组发电而造成较大经济损失	1.5～3	15～50	0.1～1.0
V	3、4级永久性水工建筑物	淹没基坑、但对总工期及第一台（批）机组发电影响不大，经济损失较小	＜1.5	＜15	＜0.1

当临时性水工建筑物根据表2-5指标分属不同级别时，其级别应按其中最高级别确定。但对3级临时性水工建筑物，符合该级别规定的指标不得少于两项。

水工建筑物级别的调整，永久性水工建筑物级别的提高。失事后损失巨大或影响十分严重的水利水电工程的2～5级主要永久性水工建筑物，经过论证并报主管部门批准，可提高一级。

当永久性水工建筑物基础的工程地质条件复杂时，其基础设计参数不易准确确定，或采用新型结构时，对2～5级述筑物可提高一级设计，但洪水标准不予提高。

临时性水工建筑物级别的提高。利用临时性水工建筑物挡水发电、通航时，经过技术经济论证，3级以下临时性水工建筑物的级别可提高一级。

水工建筑物级别的降低。失事后造成损失不大的水利水电工程的1～4级主要永久性水工建筑物，经过论证并报主管部门批准，可降低一级。

（二）洪水标准

在水利水电工程设计中不同等级的建筑物所采用的按某种频率或重现期表示的洪水（包括洪峰流量、洪水总量及洪水过程）称为洪水标准。

设计永久性水工建筑物所采用的洪水标准分为设计洪水标准（正常运用）和校核洪水标准（非常运用）两种。正常运用的洪水标准较低（即出现概率较大），此标准的洪水称为设计洪水，用它来决定水利水电枢纽工程的设计洪水位、设计泄洪流量等，工程遇到设计洪水时应能保持正常运用。当工程遇到校核标准的洪水时，主要建筑物不得破坏，只是允许一些次要建筑物（如导流堤、工作桥、护岸等）损毁或失效，这种情况称为“非常运用”情况。

临时性水工建筑物的洪水标准，应根据建筑物的结构类型和级别，结合风险度综合分析，合理选择，对失事后果严重的，应考虑超标准洪水的应急措施。各类水利水电工程的洪水标准应按《水利水电工程等级划分及洪水标准》（SL 252—2000）确定。

1．永久性水工建筑物的洪水标准

水利水电工程永久性水工建筑物的洪水标准，应按山区、丘陵区和平原、滨海区分别确定。

当山区、丘陵区的水利水电工程永久性水工建筑物的挡水高度低于15m，且上下游最大水头差小于10m时，其洪水标准宜按平原、滨海区标准确定；当平原区、滨海区的水利水电工程永久性水工建筑物的挡水高度高于15m，且上下游最大水头差大于10m时，其洪水标准宜按山区、丘陵区标准确定。

江河采取梯级开发方式，在确定各梯级水利水电工程的永久性水工建筑物的设计洪水与校核洪水标准时，还应结合江河治理和开发利用规划，统筹研究，相互协调。

2．临时性水工建筑物洪水标准

临时性水工建筑物洪水标准，应根据建筑物的结构类型和级别，在表2-6规定的幅度内，结合风险度综合分析，合理选用。对失事后果严重的，应考虑遇超标准洪水的应急措施。

表2-6　临时性水工建筑物洪水标准

单位：重现期（a）

临时性建筑物类型	临时性水工建筑物级别		
	3	4	5
土石结构	20～50	10～20	5～10
混凝土、浆砌石结构	10～20	5～10	3～5

施工期拦洪度汛标准及坝体封堵蓄水后的洪水标准分别见表2-7和表2-8。

表2-7　坝体施工期临时度汛洪水标准

单位：重现期（a）

坝型	拦洪库容/（10^8m^3）		
	＞1.0	0.1～1.0	＜0.1
土石坝	＞100	50～100	20～50
混凝土坝、浆砌石坝	＞50	20～50	10～20

表2-8　导流泄水建筑物封堵后坝体度汛洪水标准

单位：重现期（a）

坝型		大坝级别		
		1	2	3
土石坝	设计	200～500	100～200	50～100
	校核	500～1000	200～500	100～200
混凝土坝、浆砌石坝	设计	100～200	50～100	20～50
	校核	200～500	100～200	50～100

导流建筑物的设计洪水标准，应根据其保护对象的结构特点、导流方式、工期长短、使用要求、淹没影响及河流水文特性等不同情况，在表2-6规定的幅度内分析确定临时性水工建筑物的洪水标准。必要时还应考虑可能遭遇超标准洪水的紧急措施。

在工程设计标准中区分山丘区和平原区，是由于这两类地区的河流水文特性有很大差异。山丘区暴雨洪水来势猛、传播快、破坏力强、对工程的安全施工威胁性较大，所以洪水标准应该高一些；平原地区洪水来势缓、传播时间较长、暴雨之后尚有一定间隔时间进行水文预报，以便采取临时应急措施，因此平原地区临时性工程的洪水标准可略低一些。

3．导流设计洪水标准

导流设计洪水标准选择，应结合工程具体情况进行分析、论证，提出推荐意见，经上级主管部门审查确定。在比较选择中，一般根据下列情况酌情采用规范的上限或下限，提高或降低标准。

临时性建筑物的级别，系按被围护的永久性建筑物的等级确定。根据永久性建筑物级别在等级划分中的上限或下限，相应的临时性建筑物洪水标准，可酌情采用上限或下限，也可提高或降低等级。

当河流水文实测系列较长，洪水规律性明显时，可根据洪水规律性适当选择标准；若水文实测系列较短，或资料不可靠时，需从不利情况出发，留有余地。

围堰的高低及其形成库容的大小。库容越大，一旦失事对下游的危害也大，其标准可适当提高。

保护对象的结构特点。对于土石坝，临时坝面一般不允许过水，根据具体情况及其他条件，其标准可用上限；对于混凝土或浆砌石重力式结构，临时坝面允许过水时，可酌情采用下限。

基坑施工期的长短。临时性工程的洪水标准与施工工期有直接关系，工期越长，遭遇较大洪水的机遇越大，洪水标准宜稍高一些；反之工期越短，其洪水标准可稍低一些。如仅使用一个枯水期，其标准应比经过汛期的低，经过一个汛期的应比经过两个汛期的低。当坝体施工能在一个枯、中水期达到拦洪或安全迎汛高程时，围堰就不需要挡御全年洪水，可采用某一时段的洪水标准，同时应进行施工时段的选择。

围堰结构为土石围堰，且不允许过水时，其标准应高于混凝土或浆砌石重力围堰。

导流泄水建筑物采用封闭式结构（如隧洞、涵管）时，其超泄能力比开敞式结构小，失事后修复也较开敞式结构困难，选用标准时要适当严一些。

若导流泄水建筑物参与后期导流，其设计标准应考虑后期导流的洪水标准。

当导流建筑物与永久水工建筑物结合时，其结合部分应采用永久建筑物的设计标准。

导流标准的选择方法，除按频率法外，也可采用典型年法。当水文实测系列较长时，可用实测系列的最大值或系列中某一典型值。在实际应用中，往往两者结合考虑。

导流标准的选择受众多随机因素的影响。如果标准太低，不能保证施工安全；反之，则使导流工程设计规模过大，不仅增加导流费用，而且可能因其规模太大以致无法按期完成，造成工程施工的被动局面。因此，大型工程导流标准的确定，应结合风险度的分析，使所选标准更加经济合理。

二、导流时段

在工程施工过程中，不同阶段可以采用不同的施工导流方法和挡水、泄水建筑物。不同导流方法组合的顺序，通常称为导流程序。导流时段就是按导流程序所划分的各施工阶段的延续时间，具有实际意义的导流时段，主要是围堰挡水而保证基坑干地施工的时间，所以也称挡水时段。

导流时段的划分与河流的水文特征、水工建筑物的布置和形式、导流方案、施工进度等因素有关。按河流的水文特征可分为枯水期、中水期和洪水期。在不影响主体工程施工的条件下，若导流建筑物只负担枯水期的挡水、泄水任务，显然可大大减少导流建筑物的工程量，改善导流建筑物的工作条件，具有明显的技术经济效果。因此，合理划分导流时段，明确不同时段导流建筑物的工作条件，是既安全又经济地完成导流任务的基本要求。

三、导流设计流量

不过水围堰应根据导流时段来确定。如果围堰挡全年洪水，其导流设计流量就是选定导流标准的年最大流量，导流挡水与泄水建筑物的设计流量相同；如果围堰只挡某一枯水时段，则按该挡水时段内同频率洪水作为围堰和该时段泄水建筑物的设计流量，但确定泄水建筑物总规模的设计流量，应按坝体施工期临时度汛洪水标准决定。

过水围堰允许基坑淹没的导流方案，从围堰工作情况看，有过水期和挡水期之分，显然它们的导流标准应有所不同。

过水期的导流标准应与不过水围堰挡全年洪水时的标准相同。其相应的导流设计流量主要用于围堰过水情况下，加固保护措施的结构设计和稳定分析，也用于校核导流泄水道的过水能力。

挡水期的导流标准应结合水文特点、施工工期及挡水时段，经技术经济比较后选定。当水文系列较长，大于或等于30年时，也可根据实测流量资料分析选用。其相应的导流设计流量主要用于确定堰顶高程、导流泄水建筑物的规模及堰体的稳定分析等。

四、导流方案选择

水利水电枢纽工程施工，从开工到完工往往不是采用单一的导流方法，而是几种导流方式组合起来配合运用，以取得最佳的技术经济的效果。这种不同导流时段、不同导流方式的组合，通常称为导流方案。

导流方案的选择受多种因素的影响。一个合理的导流方案，必须在周密研究各种影响因素的基础上，拟订几个可能的方案，进行技术经济比较，从中选择技术经济指标优越的方案。

（一）选择导流方案时应考虑的主要因素

影响导流方案的因素较多，主要有以下几方面：

（1）地形、地质条件。坝址河谷地形、地质，往往是决定导流方案的主要因素。各种导流方式都必须充分利用有利地形，但还必须结合地质条件，有时河谷地形虽然适合分期导流，但由于河床拟盖层较深，纵向围堰基础防渗、防冲难以处理，不得不采用明渠导流。

（2）水文特性。河流的流量大小、水位变化的幅度、全年流量的变化情况、枯水期的长短、汛期洪水的延续时间、冬季的流冰及冰冻情况等，均直接影响导流方案的选择。一般来说，对于河床宽、流量大的河流，宜采用分段围堰法导流。对于水位变化幅度大的山区河流，可采用允许基坑淹没的导流方法，在一定时期内通过过水围揠和基坑来宣泄洪峰流量。对于枯水期不长的河流，如果不利用洪水期进行施工，就会拖延工期。对于有流冰的河流，应充分注意流冰的宣泄问题，以免流冰壅塞，影响泄流，造成导流建筑物失事。

（3）主体工程的形式与布置。水工建筑物的结构形式、总体布置、主体工程量等，是导流方案选择的主要依据之一。导流需要尽量利用永久建筑物，坝址、坝型选择及枢纽布置也必须考虑施工导流，两者是互为影响的。对于高土石坝，一般不采用分期导流，常用隧洞、涵洞、明渠等方式导流，不宜采用过水围堰，有时也允许坝面过水，但必须有可靠的保护措施。对于混凝土坝，允许坝面过水，常用过水围堰。但对主体工程规模较大、基坑施工时间较长的工程，宜采用不过水围堰，以保证基坑全年施工。对于低水头电站，有时还可利用围堰挡水发电，以提前受益，如葛洲坝工程、三峡工程等。

（4）施工因素。导流方案与施工总进度的关系十分密切，不同的导流方案有不同的施工程序，不同的施工程序影响导流的分期和导流建筑物的布置，而施工程序的合理与否，将影响工程受益时间和总工期。因此，在选择导流方案时，必须考虑施工方法和程序，施工强度和进度，土石方的平衡和利用，场内外交通和施工布置。随着大型土石方施工机械的出现和机械化施工的不断完善，土石围堰用得更多、更高了，明渠的规模也越来越大。例如伊泰普电站，河床宽阔，具有分期导流条件，为了加快施工进度和就近解决两岸土石坝的填料，采用了大明渠结合底孔的导流方案，明渠开挖量达2200万m^3。

（5）综合利用因素。施工期间的综合利用主要有通航、筏运及上、下游有梯级电站时的发电、灌溉、供水、生态保护等。在拟订和选择导流方案时，应综合考虑，使各期导流泄水建筑物尽量满足上述要求。

在选择导流方案时，除了综合考虑以上各方面的因素外，还应使主体工程尽可能及早发挥效益，简化导流程序，降低导流费用，使导流建筑物既简单易行，又安全可靠。

（二）导流方案的选择

导流方案的选择，必须根据工程的具体条件，拟订几个可行的方案，进行全面的分析比较。不仅前期导流，对中、后期导流也要作全面分析。由于施工导流在整个工程施工过程中属于全局性和战略性的决策，分析导流方案时，不能仅仅从导流工程造价来衡量，还必须从施工总进度、施工交通与布置，主体工程量与造价及其他国民经济的要求等进行全面的技术经济比较。在一定条件下，还须论证坝址、坝型及枢纽总体布置的合理性。最优的导流方案，一般体现在以下几方面：整个枢纽工程施工进度快、工期短、造价低。尽可能压缩前期投资，尽快发挥投资效益；主体工程施工安全，施工强度均衡，干扰小，保证施工的主动性；导流建筑物简单易行，工程量少，造价低，施工方便，速度快；满足国民经济各部门的要求（如通航、筏运及蓄水阶段的供水、移民等）。

导流方案选择时，一般需提出以下成果：导流标准，施工时段及导流流量的选择；各方案的导流工程量与造价，主要技术经济指标，水力学指标；导流方案的布置，挡水与泄水建筑物的形式与尺寸，施工程序与进度分析；截流、基坑排水的主要指标和措施；坝体施工期度汛及封堵蓄水的主要指标和措施；施工总进度的主要指标，包括总工期、第一台机组发电日期、河道截流、断航、施工强度、劳动力等；通航等综合利用措施；主要方案的水力学模型试验成果。

第三节 截流工程

一、截流的施工过程

截流过程包括：戗堤进占、龙口部位的加固、合龙、闭气。

在施工导流中，截断原河床水流，才能最终把河水引向导流泄水建筑物下泄，在河床中全面开展主体建筑物的施工，这就是截流。截流实际上是在河床中修筑横向围堰工作的一部分。在大江大河中截流是一项难度比较大的工作。

截流施工的过程一般为：先在河床的一侧或两侧向河床中填筑截流戗堤，这种向水中筑堤的工作叫作进占。戗堤填筑到一定程度，把河床束窄，形成了流速较大的龙口。封堵龙口的工作称为合龙。在合龙开始以前，为了防止龙口河床或戗堤端部被冲毁，须采取防冲措施对龙口加固。合龙以后，龙口部位的戗堤虽已高出水面，但其本身依然漏水，因此须在其迎水面设置防渗设施。在戗堤全线上设置防渗设施的工作叫作闭气。所以，整个截流过程包括戗堤的进占、龙口范围的加固、合龙和闭气等工作。截流以后，再在这个基础上，对戗堤进行加高培厚，直至达到围堰设计要求。

截流在施工导流中占有重要的地位，如果截流不能按时完成，就会延误整个河床部分建筑物的开工日期；如果截流失败，失去了以水文年计算的良好截流时机，则可能拖延工期达一年。所以在施工导流中，常把截流看作一个关键性问题，它是影响施工进度的一个控制项目。

截流之所以被重视，还因为截流本身无论在技术上和施工组织上都具有相当的艰巨性和复杂性。为了胜利截流，必须充分掌握河流的水文特性和河床的地形、地质条件，掌握在截流过程中水流的变化规排及其对截流的影响。为了顺利地进行截流，必须在非常狭小的工作面上以相当大的施工强度在较短的时间内进行截流的各项工作，为此必须严密组织施工。对于大河流的截流工程，事先必须进行缜密的设计和水工模型试验，对截流工作作出充分的论证。此外，在截流开始之前，还必须切实做好器材、设备和组织上的充分准备。

1997年11月黄河流域三峡工程大江截流和2002年11月三峡工程三期导流明渠截流的成功，标志着我国截流工程的实践已经处于世界先进水平。

二、截流的基本方法

截流的基本方法有立堵法和平堵法两种。

（一）立堵法截流

立堵法截流是将截流材料，从龙口一端向另一端或从两端向中间抛投进占，逐渐束窄龙口，直至全部拦断，如图2-5、图2-4所示。截流材料通常用自卸汽车在进占戗堤的端部直接卸料入水，个别巨大的截流材料也有用起重机、推土机投放入水的。

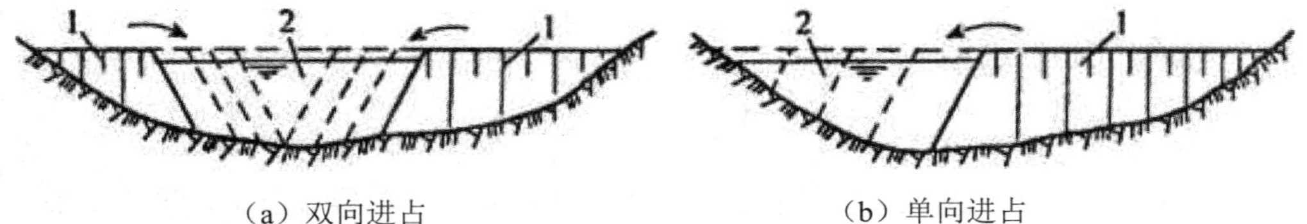

（a）双向进占　　（b）单向进占

图2-5　立堵法截流

1．截流戗堤；2．龙口

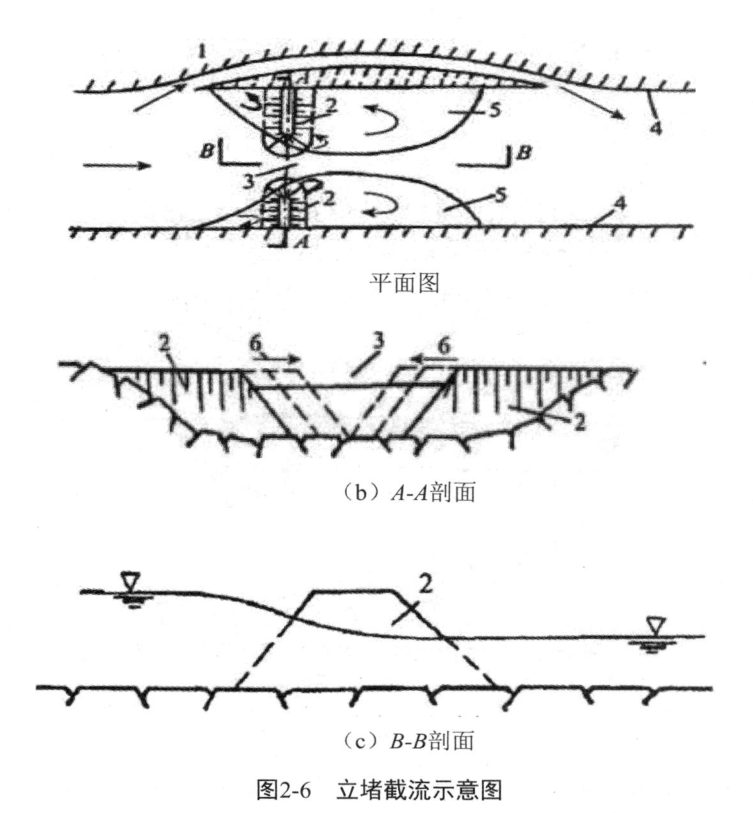

平面图

（b）*A-A*剖面

（c）*B-B*剖面

图2-6　立堵截流示意图

1．分流建筑物；2．截流戗堤；3．龙口；4．河岸；5．回流区；6．进占方向

立堵法截流不需要在龙口架设浮桥或栈桥，准备工作比较简单，费用较低。但截流时龙口的单宽流量较大，出现的最大流速较高，而且流速的分布很不均匀，需用单个重量较大的截流材料。截流时工作前线狭窄，抛投强度受到限制，施工进度受到影响。根据国内外截流工程的实践和理论研究，立堵法截流一般适应于流量大、岩基或覆盖层较薄的岩基河床。对软基河床只要护底措施得当，采用立堵法截流同样有效。

（二）平堵法截流

平堵法截流事先要在龙口架设浮桥或栈桥，用自卸汽车沿龙口全线从浮桥或栈桥上均匀地抛填截流材料直至戗堤高出水面为止，如图2-7所示。因此，平堵法截流时，龙口的单宽流量较小，出现的最大流速较低，且流速分布均匀，截流材料单个重量也较小，截流时工作前线长，抛投量较大，施工进度快。但在通航河道，龙口的浮桥或栈桥会妨碍通航。平堵法截流常用于软基河床上的截流。

截流设计首先应根据施工条件，充分研究两种方法对截流工作的影响，通过试验研究和分析比较来选定。有的工程亦有先用立堵法进占，而后在小范围龙口内用平堵法截流，这称为立平堵法。严格说来，平堵法都先以立堵进占开始，而后平堵，类似立平堵法，不过立平堵法的龙口较窄。

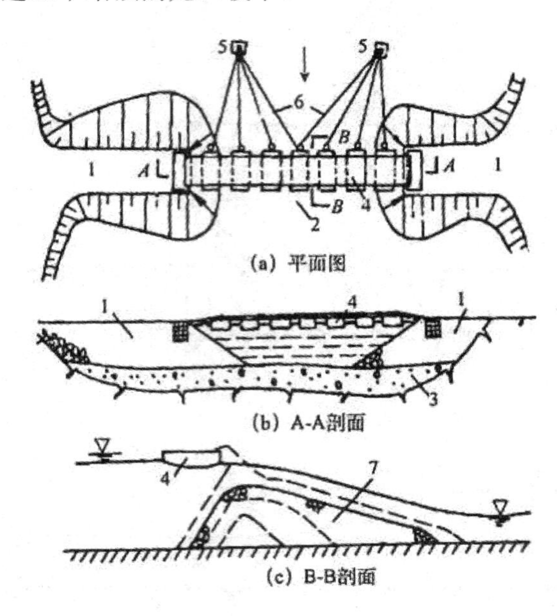

图2-7　平堵截流示意图

1．截流戗堤；2．龙口；3．覆盖层；4．浮桥；5．锚缆；6．钢缆；7．平堵截流抛石

三、截流日期和截流设计流量

截流日期的选择，应该是既要把握截流时机，选择在最枯流量时段进行；又要为后续的基坑工作和主体建筑物施工留有余地，不致影响整个工程的施工进度。在确定截流日期时，应考虑以下要求。

截流以后，需要继续加高围堰，完成排水、清基、基础处理等大量基坑工作，并应把围堰或永久建筑物在汛期前抢修到一定高程以上。为了保证这些工作的完成，截流日期应尽量提前。

在通航河流上进行截流，截流日期最好选在对航运影响较小的时段内。因为截流过程中，航运必须停止，即使船闸已经修好，因截流时水位变化较大，亦须停航。

在北方有冰凌的河流上，截流不应在流冰期进行。因为冰凌很容易堵塞河道或导流泄水建筑物，壅高上游水位，给截流带来极大困难。

此外，在截流开始前，应修好导流泄水建筑物，并做好过水准备。如清除影响泄水建筑物运用的围堰或其他设施，开挖引水渠，完成截流所需的一切材料、设备、交通道路的准备等。

据上所述，截流日期一般多选在枯水期初，流量已有明显下降的时候，而不一定选在流量最小的时刻。但是，在截流设计时，根据历史水文资料确定的枯水期和截流流量与截流时的实际水文条件往往有一定出入。因此，在实际施工中，还须根据当时的水文气象预报及实际水情分析进行修正，最后确定截流日期。

龙口合龙所需的时间往往是很短的，一般从数小时到几天。为了估计在此时段内可能发生的水情，做好截流的准备，须选择合理的截流设计流量。一般可按工程的重要程度选用截流时期内10%～20%频率的旬或月平均流量。如果水文资料不足，可用短期的水文观测资料或根据条件类似的工程来选择截流设计流量。无论用什么方法确定截流设计流量，都必须根据当时实际情况和水文气象预报加以修正，按修正后的流量进行各项截流的准备工作，作为指导截流施工的依据。

四、龙口位置和宽度

龙口位置的选择，对截流工作顺利与否有密切关系。

选择龙口位置时主要考虑以下一些技术要求。

（1）一般情况下，龙口应设置在河床主流部位，方向力求与主流顺直，使截流前河水能较顺畅地经由龙口下泄。但有时也可以将龙口设置在河滩上，此时，为了使截流时的水流平顺，应在龙口上、下游顺河流流势按流量大小开挖引河。龙口设在河滩上时，一些准备工作就不必在深水中进行，这对确保施工进度和施工质量均较有利。

（2）龙口应选择在耐冲河床上，以免截流时因流速增大，引起过分冲刷。如果龙口段河床覆盖层较薄，则应清除；否则，应进行护底防冲。

（3）龙口附近应有较宽阔的场地，以便布置截流运输路线和制作、堆放截流材料。原则上龙口宽度应尽可能窄些，这样合龙的工程量就小些，截流的延续时间也短些，但以不引起龙口及其下游河床的冲刷为限。为了提高龙口的抗冲能力，减少合龙的工程量，须对龙口加以保护。龙口的保护包括护底和裹头。护底一般采用抛石、沉排、竹笼、柴石枕等。裹头就是用石块、钢筋石笼、黏土麻袋包或草包、竹笼、柴石枕等把戗堤的端部保护起来，以防被水流冲塌。裹头多用于平堵戗堤两端或立堵进占端对面的戗堤。龙口宽度及其防护措施，可根据相应的流量及龙口的抗冲流速来确定。在通航河道上，当截流准备期通航设施尚未投入运用时，船只仍需在截流前由龙口通过。这时龙口宽度便不能太窄，流速也不能太大，以免影响航运。如葛洲坝工程的龙口，由于考虑通航流速不能大于3.0m/s，所以龙口宽度达220m。

五、截流材料和备料量

截流材料的选择，主要取决于截流时可能发生的流速及工地开挖、起重、运输设备的能力，一般应尽可能就地取材。在黄河上，长期以来用梢料、麻袋、草包、石料、土料等作为堤防溃口的截流堵口材料。在南方，如四川都江堰，则常用卵石竹笼、砾石等作为截流堵河分流的主要材料。国内外大江大河截流的实践证明，块石是截流的最基本材料。此外，当截流水力条件较差时，还须使用人工块体，如混凝土六面体、四面体、四脚体及钢筋混凝土构架等（见图2-8）。

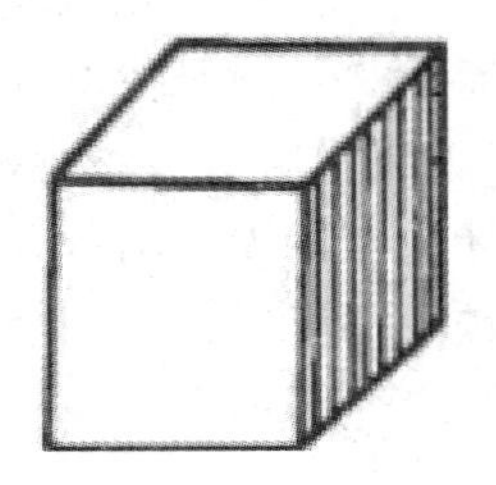
（a）混凝土六面体

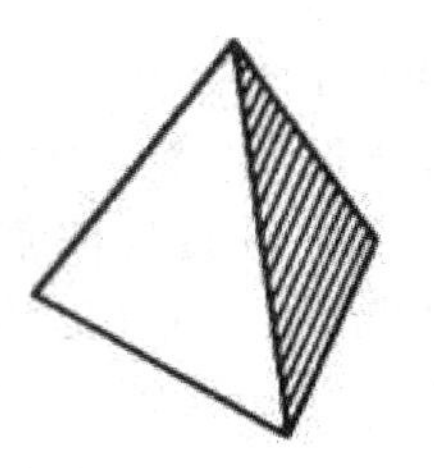
（b）混凝土四面体

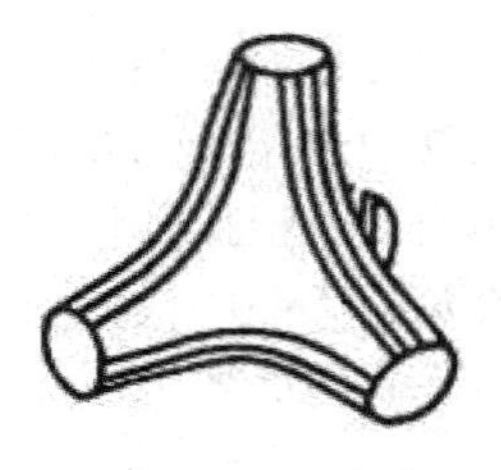
（c）混凝土四脚体

（d）钢筋混凝土构架

图2-8　截流材料

为确保截流既安全顺利，又经济合理，正确计算截流材料的备料量是十分必要的。备料通常按设计的戗堤体积再增加一定裕度，主要是考虑到堆存、运输中的损失，水流冲失，戗堤沉陷以及可能发生比设计更坏的水力条件而预留的备用量等。但是据不完全统计，国内外许多工程的截流材料备料量均超过实际用量，少者多于50%，多则达400%，尤其是人工块体大量剩余。

造成截流材料备料量过大的原因，主要是：①截流模型试验的推荐值本身就包含了一定的安全裕度，截流设计提出的备料量又增加了一定富余，而施工单位在备料时往往在此基础上又留有余地；②水下地形不太准确，在计算戗堤体积时，常从安全角度考虑取偏大值；③设计截流流量通常大于实际出现的流量等。如此层层加码，处处考虑安全富余，所以即使像青铜峡工程的截流流量，实际大于设计，仍然出现备料量比实际用量多78.6%的情况。因此，如何正确估计截流材料的备用量，是一个很重要的课题。当然，备料恰如其分，不大可能，需留有余地。但对剩余材料，应预作筹划，安排好用处，特别像四面体等人工材料，大量弃置，既浪费，又影响环境，可考虑用于护岸或其他河道整治工程。

六、截流水力计算

截流水力计算的目的是确定龙口位置诸水力参数的变化规律。它主要解决两个问题：一是确定截流过程中龙口各水力参数，如单宽流量q、落差z及流速v等的变化规律；二是由此确定截流材料的尺寸或重量及相应的数量。这样，在截流前，可以有计划、有目的地准备各种尺寸或重量的截流材料及其数量，规划截流现场的场地布置，选择起重、运输设备；在截流时，能预先估计不同龙口宽度的截流参数，何时何处应抛投何种尺寸或重量的截流材料及其方量等。

在截流过程中，上游来水也就是截流设计流量，将分别经由龙口、分水建筑物及戗堤的渗漏下泄，并有一部分拦蓄在水库中。截流过程中，若库容不大，拦蓄在水库中的水量可以忽略不计。对于立堵截流，作为安全因素，也可忽略经由戗堤渗漏的水量。这样截流时的水量平衡方程为：

$$Q_0 = Q_1 + Q_2 \tag{2-4}$$

式中：Q_0——截流设计流量，m^3/s；

Q_1——分水建筑物的泄流量，m^3/s；

Q_2——龙口的下泄流量，可按宽顶堰计算，m^3/s。

随着截流戗堤的进占，龙口逐渐被束窄，因此经分水建筑物和龙口的泄流量是变化的，但二者之和恒等于截流设计流量。其变化规律是：截流开始时，大部分截流设计流量经由龙口泄流，随着截流戗堤的进占，龙口断面不断缩小，上游水位不断上升，经由龙口的泄流量越来越小，而经由分水建筑物的泄流量则越来越大。龙口合龙闭气以后，截流设计流量全部经由分水建筑物泄流。

为了方便计算，可采用图解法。图解时，先绘制上游水位 H_u 与分水建筑物泄流量 Q_l 的关系曲线和上游水位与不同龙口宽度 B 的泄流量关系曲线。在绘制曲线时，下游水位视为常量，可根据截流设计流量由下游水位流量关系曲线上查得。这样，在同一上游水位情况下，当分水建筑物泄流量与某宽度龙口泄流量之和为 Q_0 时，即可分别得到 Q_1 和 Q_2。

根据图解法可同时求得不同龙口宽度时上游水位 H_u 和 Q_1、Q_2 值，由此再通过水力学计算即可求得截流过程中龙口诸水力参数的变化规律。

在截流中，合理地选择截流材料的尺寸或重量，对于截流的成败和截流费用的节省具有很大意义。截流材料的尺寸或重量取决于龙口的流速。各种不同材料的适用流速，即抵抗水流冲动的经验流速列于表2-9中。

表2-9　截流材料的适用流速

截流材料	适用流速/（m·s^{-1}）	截流材料	适用流速/（m·s^{-1}）
土料	0.5～0.7	3t重大块石或钢筋石笼	3.5
20～30kg重石块	0.8～1.0	4.5t重混凝土六面体	4.5
50～70kg重石块	1.2～1.3	5t重大块石、大石串或钢筋石笼	
麻袋装土（0.7m×0.4m×0.2m）	1.5		4.5～5.5
φ0.5×2m装石竹笼	2.0	12～15t重混凝土四面体	7.2
φ0.6×4m装石竹笼	2.5～3.0	20t重混凝土四面体	7.5
φ0.8×6m装石竹笼	3.5～4.0	φ1.0X15m柴石枕	7～8

立堵法截流时截流材料抵抗水流冲动的流速，按下式估算：

$$v = k\sqrt{2g\frac{\gamma_1 - \gamma}{\gamma}D} \tag{2-5}$$

式中：v——水流流速，m/s；

k——稳定系数；

g——重力加速度，m/s^2；

γ_1——石块容重，t/m^3；

γ——水容重，t/m^3；

D——石块折算成球体的化引直径，m。

平堵截流水力计算的方法，与立堵相类似。

应该指出，平堵、立堵截流的水力条件非常复杂，尤其是立堵截流，上述计算只能作为初步依据。在大、中型水利水电工程中，截流工程必须进行模型试验。但模型试验时对抛投体的稳定也只能作出定性分析，还不能满足定量要求。故在试验的基础上，还必须考虑类似工程的截流经验，作为修改截流设计的依据。

第四节　围堰工程

围堰是导流工程中的临时挡水建筑物，用来围护施工基坑，保证水工建筑物能在干地施工。在导流任务完成以后，如果围堰对永久建筑物的运行有妨碍或没有考虑作为永久建筑物的一部分时，应予拆除。

一、围堰工程的分类

（1）按使用材料分：土石围堰、混凝土围堰、钢板桩围堰、木笼围堰及草土围堰等；

（2）按与水流的相对位置分：横向围堰（与河流水流方向大致垂直）和纵向围堰（与河流水流方向大致平行）；

（3）按与坝轴线的相对位置分：上游围堰和下游围堰；

（4）按导流期间是否允许过水分：过水围堰和不过水围堰；

（5）按施工期分：一期围堰、二期围堰等；

（6）按受力条件分：重力式、拱式等；

（7）按防渗结构分：心墙、斜墙、斜心墙等。

二、围堰的基本特点及基本要求

（一）围堰的基本特点

围堰作为临时性建筑物，除应满足一般挡水建筑物的基本要求外，还具有自身的特点：施工期短，一般要求在一个枯水期内完成，并在当年汛期挡水；一般需进行水下施工，而水下作业质量往往不容易保证；完成挡水任务后，围堰常常需要拆除，尤其是下游围堰。

（二）围堰的基本要求

具有足够的稳定性、防渗性、抗冲性和强度；造价便宜，构造简单，修建、维护和拆除方便；围堰的布置应力求使水流平顺，不发生严重的局部冲刷；围堰的接头和岸边连接要安全可靠；必要时应设置抵抗冰凌、航筏冲击和破坏的设施。

三、常用的围堰形式及适用条件

（一）土石围堰

结构简单，可就地取材，充分利用开挖弃料，既可机械化施工，又可人工填筑；既便于快速施工，又易于拆除；并可在任何地基上修建。所以，是用得最广泛的一种围堰形式，但其断面尺寸较大，抗冲能力差，一般用于横向围堰。在宽阔河床中，如果有可靠的防冲措施，也可作纵向围堰。

土石围堰根据防渗体不同又有多种形式，如心墙式、斜墙式、心墙加上游铺盖、防渗墙式等。

（二）混凝土围堰

具有抗冲能力大，防渗性能好，断面尺寸小，易于同永久性建筑物结合，并允许过水等优点，因此虽然造价较高，国内外仍广泛使用。混凝土围堰一般要求修建在岩基上，并同基岩良好连接。在枯水期基岩出露的河滩上修建纵向围堰，较易满足上述要求，我国纵向围堰多采用混凝土，并常与永久导墙相结合，如三门峡、丹江口、潘家口等工程。

（三）钢板桩格型围堰

断面尺寸小，抗冲能力强，可以修建在岩基上或非岩基上，堰顶浇筑混凝土盖板后也可以作过水围堰。修建时可进行干地施工或水下施工，钢板桩的回收率可达70%以上，故在国外得到广泛使用。

（四）竹笼围堰

在我国南方盛产南竹地区，是充分利用当地材料的形式之一。如果采用铅丝笼填石代替竹笼也是同一种类型。竹笼的使用年限，一般为1～2年，竹材经防腐处理后可达2～4年。竹笼围堰允许过水，对岩基或软弱地基均能适用。它的断面尺寸较小，具有一定的抗冲能力，既可用于纵向围堰，也可用于横向围堰。但竹笼填石施工不易机械化，一般需人工施工。采用竹笼围堰的工程有富春江等。

（五）木笼围堰

木笼围堰具有断面尺寸小、抗冲能力强、施工速度快等优点。堰顶加混凝土盖板后可以过水。因此，用作纵向围堰具有明显的优越性。我国采用木笼围堰或木笼土石混合围堰的工程有新安江、建溪、西津等。但它的木材耗量大，木材较难回收和重复使用。在当前木材短缺的情况下，使用范围受到限制。如果用预制钢筋混凝土构件代替木笼，也是同一类型。

（六）草土围堰

草土围堰是我国劳动人民长期同洪水斗争的智慧结晶之一。早在1761年前，已在宁夏引黄灌区渠口工程上应用，至今黄河流域的堵口工程中仍普遍采用。在西北地区的水利水电工程中广为应用，例如，位于黄河流域的青铜峡、盐锅峡等工程。草土围堰施工简单，速度快，造价低，便于修建和拆除，并具有一定的抗冲防渗能力，对基础沉陷变形适应性好，可用于软基或岩基。可作纵向围堰或横向围堰，但堰顶不能过水。一般使用年限为1～2年。

四、围堰的平面布置

围堰的平面布置是一个很重要的问题，如果平面布置不当，维护基坑的面积过大，会增加排水设备容量；过小则会妨碍主体工程施工，影响工期，更有甚者，会造成水流宣泄不畅，冲刷围堰及其基础，影响主体工程安全施工。围堰的平面布置一般应按导流方案、主体工程轮廓和具体工程要求而定。

围堰的平面布置主要包括围堰外形轮廓布置和确定堰内基坑范围两个问题。外形轮廓不仅与导流泄水建筑物的布置有关，而且取决于围堰种类、地质条件以及对防冲措施的考虑。堰内基坑范围大小主要取决于主体工程的轮廓和相应的施工方法。当采用全段围堰法导流时，围堰基坑是由上下游围堰和河床两岸围成的。当采用分期导流时，围堰基坑是由纵向围堰与上下游横向围堰围成的。在上述两种情况下，上下游横向围堰的布置，都取决于主体工程的轮廓。通常基坑坡趾距离主体工程轮廓的距离，不应小于20～30m，以便布置排水设施、交通运输道路、堆放材料和模板等（图2-9）。至于基坑开挖边坡的大小，则与地质条件有关。

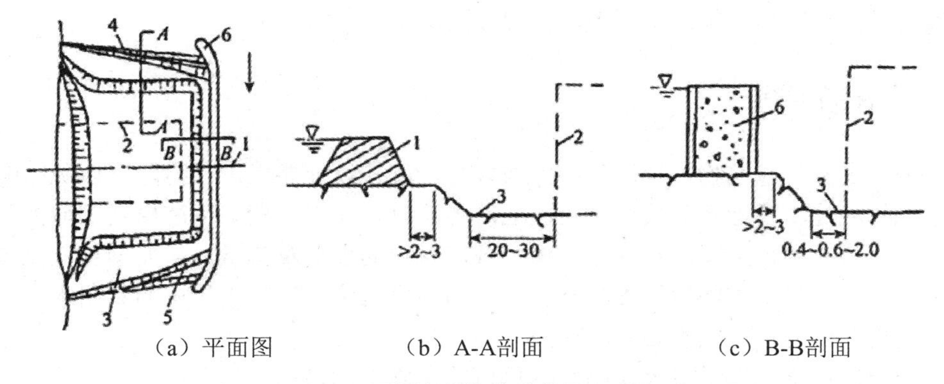

（a）平面图　　（b）A-A剖面　　（c）B-B剖面

图2-9　围堰布置与基坑范围示意图

1．主体工程轴线；2．主体工程轮廓；3．基坑；
4．上游横向围堰；5．下游横向围堰；6．纵向围堰

采用分段围堰法导流时，上下游横向围堰一般不与河床中心线垂直，而多布置成梯形，以保证水流顺畅，同时也便于运输道路的布置和衔接。采用全段围堰法导流时，为了减少工程量，其横向围堰多与主河道垂直。

五、围堰堰顶高程的确定

围堰堰顶高程的确定，不仅取决于导流设计流量和导流建筑物的形式、尺寸、平面布置、高程和糙率等，还要考虑到河流的综合利用和主体工程的工期等因素。

下游围堰的堰顶高程，由河床水位-流量关系曲线，查得通过导流设计流量时的水位，然后加上安全超高，即可得到下游围堰的堰顶高程，见式（2-6）：

$$H_{下} = h_d + \delta \tag{2-6}$$

式中：$H_{下}$——下游围堰堰顶高程，m；

h_d——下游水面高程，m；

δ——安全超高，m，可由规范查得。

上游围堰堰顶高程：

$$H_{上} = h_d + Z + \delta \tag{2-7}$$

式中：$H_{上}$——上游围堰堰顶高程，m；

Z——上下游水位差，m；

其余符号意义同式（2-6）。

围堰拦蓄一部分水流时，堰顶高程应通过调洪演算来确定。纵向围堰的堰顶高程，要与束窄河床中宣泄导流设计流进时的水面线相适应，其上下游端部分别与上

下游横向围堰同高，所以其顶面常常做成倾斜状。

六、围堰的拆除

围堰是临时建筑物，导流任务完成以后，应按设计要求进行拆除，以免影响永久建筑物的施工及运行。采用分段围堰法导流时，如果一期上下游横向围堰拆除不合要求，势必增加上下游水位差，增加截流材料的重量及数量，从而增加截流的难度和费用。如果下游围堰拆除不到位，会抬高尾水位，影响水轮机的利用水头，降低水轮机的出力，造成不必要的损失。

围堰的拆除工作量较大，因此，尽可能在施工期最后一次汛期过后，在上下游水位下降时，就从围堰的背水坡开始分层拆除。但必须保证依次拆除后所残留围堰断面能满足继续挡水和稳定要求，以免发生安全事故，使基坑过早淹没，影响施工。

土石围堰一般可用挖土机械或爆破法拆除。草土围堰水上部分可以人工分层拆除，水下部分可以在堰体开挖缺口，使其过水冲毁或用爆破法拆除。钢板桩围堰的拆除，首先要用抓斗或吸石器将填料清除，然后用拔桩机拔出钢板。混凝土围堰的拆除，一般只能用爆破法拆除，但必须做好爆破设计，使主体建筑物或其他设施不受爆破危害。

第三章　水利工程地基处理

任何建筑物都要通过基础稳固在地基上，因之建筑物的结构要与基础形式及所处的地基相适应。地基与基础处理得好坏是保证工程能否长期安全运行的关键，如果处理不好，轻则增加工程投资，延长工期，被迫降低使用标准，达不到预期的工程效益；重则基础变形使结构破坏、甚至倒塌报废，给国家财产和人民的生命造成巨大危害。

水工建筑物的基础有两类：岩基和软基，其中软基包括土基与砂砾石地基。由于受地质构造变化及水文地质的影响，天然地基往往存在不同形式与程度的缺陷，需要经过人工处理，才能作为水工建筑物的可靠地基。基础的质量是水工建筑物安全可靠的根本保证，根据统计，历史上由于地基原因而引起大坝失事的比例近40%，影响工程正常发挥效益的则为数更多。基础处理工程在水利水电工程建设中占有重要地位，是施工的重要环节。

软弱地基，据其含水量和某些土力学特性指标，可划分为一般软土地基和超软基。软土和超软土地基的处理，可大致根据软土层的埋置深度，采用表层或深层的处理方法。一般来说，处理深度不超过3m的称为浅层（或称表层）处理。

各种类型的水工建筑物对地基基础的要求：

（1）具有足够的强度，能够承担上部结构传递的应力；

（2）具有足够的整体性和均一性，能够防止基础的滑动和不均匀沉陷；

（3）具有足够的抗渗性，以免发生严重的渗漏和渗透破坏；

（4）具有足够的耐久性，以防在地下水长期作用下发生侵蚀破坏。

若天然地层的地质条件好，建筑物基础可以直接建造其上；若地基很软弱，或者与建筑物基础对地基的要求相差较大时，就不能直接在天然地基上建造建筑物，必须对其进行人工加固处理。

地基处理的方法有很多种，要视地质情况，建筑物的类型、级别、使用要求、结构以及施工期限，施工方法，施工设备、材料和经济条件等，通过技术经济进行比较确定。

水工建筑物的基础处理，就是根据建筑物对地基的要求，采用特定的技术手段来减少或消除地基的某些天然缺陷，改善和提高地基的物理力学性能，使地基具有足够的强度、整体性、抗渗性及稳定性，以保证工程的安全可靠和正常运行。随着水利水电建设事业的发展，对基础处理的方法与技术提出了越来越高的要求。

由于天然地基的性状复杂多样，不同类型水工建筑物对地基的要求也各不相同，在实际施工中，就必然有各种不同的基础处理方案与技术措施。采用爆破或机械挖掘等手段，将不符合要求的地层挖除以形成设计要求的建基面，是最通用可靠的基础处理方法。

但是，天然地基的缺陷分布范围一般大而深，并且均一性差，采用开挖的方法，既难彻底清除，又不一定经济。为了取得符合设计要求的基础，往往必须对建基面下更大范围的地层采用各种技术措施进行处理。由于基础处理在地层中进行，其施工过程及处理的实际效果无法直观掌握，故具有地下隐蔽工程的特点。

地基处理的目的：

根据建筑物地基条件，地基处理的目的大体可归纳为以下几个方面。

（1）提高地基的承载能力，改善其变形特性；

（2）改善地基的剪切特性，防止剪切破坏，减少剪切变形；

（3）改善地基的压缩特性，减少不均匀沉降；

（4）减少地基的透水特性，降低扬压力和地下水位，提高地基的稳定性；

（5）改善地基的动力特性，防止液化；

（6）防止地下洞室围岩坍塌和边坡危岩、陡坡滑落；

（7）在地基中置入人工基础建筑物，使其与地基共同承受各种荷载。

水利工程地基处理的工程分类：

地基处理的工程种类很多，按处理方法可分为。

（1）灌浆：有防渗帷幕灌浆、固结灌浆、接触灌浆、回填灌浆及化学灌浆等；

（2）防渗墙：有钢筋混凝土防渗墙、素混凝土防渗墙、黏土混凝土防渗墙、固化水浆防渗墙和泥浆槽防渗墙等；

（3）桩基：主要有钻孔灌注桩、振冲桩和旋喷桩等；

（4）预应力锚固：主要有建筑物地基锚固、挡土边墙锚固及高边坡山体锚固等；

（5）开挖回填：主要有坝基截水槽、防渗竖井、沉箱、混凝土塞以及抗滑桩等。

各种地基处理方法及其适用条件见表3-1。

表3-1　地基处理方法及适用条件

序号	处理方法	主要作用	施工方法	一般适用条件
1	固结灌浆	增加强度及改善变形特性	钻孔，压力灌注水泥浆	围岩及岩石地基
2	回填灌浆	增强整体性	钻孔，压力灌注水泥砂浆	接触空隙和地下空洞
3	接触灌浆	充填接触带缝隙	钻孔，压力灌注水泥浆	接触面，收缩缝
4	帷幕灌浆	防渗	钻孔，压力灌注水泥（或水泥黏土）浆	岩石，砂砾石

续表

序号	处理方法	主要作用	施工方法	一般适用条件
5	化学灌浆	胶结，防渗，堵漏	钻孔，压力灌注化学浆液	粉细砂土，岩石及混凝土的细小裂缝
6	防渗墙	防渗	大孔径钻孔，浇筑混凝土	透水地层
7	混凝土灌注桩	提高承载能力	钻孔，浇筑混凝土	黏土，沙土，砂砾卵石
8	混凝土预制桩	提高承载能力	机械打入	黏土，沙土，砂壤土
9	钢板桩	挡土，阻水	机械打入	黏土，沙土，砂砾石
10	碎石桩	振密，加固，排水	振冲成孔，回填碎石	沙土，砂壤土
11	旋喷桩	固结，防渗	钻孔，高压旋喷水泥浆	沙土，砂砾石
12	砂桩	排水间结	机械打孔，灌砂	黏土，沙土，砂壤土
13	抗滑桩	防止地基滑动	钻孔，浇筑钢筋混凝土	危及建筑物稳定的岩石滑动面
14	开挖回填	地层置换	放炮，开挖，回填混凝土	断层破碎带
15	预应力锚固	基础与地基加固	钻孔，布索，张拉，灌浆	坝体锚固及大体积岩块锚固
16	截水槽	防渗	挖齿槽，回填不透水材料	较浅的透水地层
17	减压井	排水，降压	钻孔，下管井，填滤料	坝下游排水不畅地层
18	夯实	夯密	强夯	沙质黏性土
19	预压	压密	预先填土预压	壤土，砂壤土
20	换土	改变土质	挖出原土换优质土	不良土

地基处理工程的施工特点：

（1）地基处理工程属于地下隐蔽工程。由于地质条件情况复杂多变，一般难以全面了解。因此，施工前必须充分地调查研究，掌握比较准确的勘测试验资料，必要时应进行补充。

（2）施工质量要求高。水工建筑物地基处理关系到工程的安危，发生事故难以补救。

（3）工程技术复杂、施工难度大。

（4）工艺要求严格、施工连续性要求强。

（5）工期紧、施工干扰大。

本章主要介绍水工建筑物常用的地基处理方法：岩基灌浆、防渗墙、砂砾石地层灌浆和灌注桩等。

第一节　岩基处理方法

若岩基处于严重风化或破碎状态，首先考虑清除至新鲜的岩基为止。若风化层或破碎带很厚，无法清除彻底时，则考虑采用灌浆的方法加固岩层和截止渗流。对于防渗，有时从结构上进行处理，设截水墙和排水系统。

灌浆方法是钻孔灌浆（在地基上钻孔，用压力把浆液通过钻孔压入风化或破碎的岩基内部）。待浆液胶结或固结后，就能达到防渗或加固的目的。最常用的灌浆材料是水泥。当岩石裂隙多、空洞大，吸浆量很大时，为了节省水泥，降低工程造价，改善浆液性能，常加砂或其他材料；当裂隙细微，水泥浆难以灌入，基础的防渗不能达到设计要求或者有大的集中渗流时，可采用化学材料灌浆的方法处理。化学灌浆是一种以高分子有机化合物为主体材料的新型灌浆方法。这种浆材呈溶液状态，能灌入0.1mm以下的微细裂缝，浆液经过一定时间起化学作用，可将裂缝黏合起来或形成凝胶，起到堵水防渗以及补强的作用。

除了上述池浆材料外，还有热柏油灌浆、黏土池浆等，但是由于本身存在一些缺陷致使其应用受到一定限制。

各种灌浆材料的适用范围见表3-2。

表3-2　岩基灌浆各种灌浆材料的适用范围

<table>
<tr><td>透水率
ω/（L·mm⁻¹）</td><td>0.01～0.05</td><td>0.05～0.1</td><td>0.1～0.5</td><td>0.5～1.0</td><td>1.0～10.0</td><td>10.0～100.0</td><td>>100</td></tr>
<tr><td rowspan="4">灌浆材料</td><td colspan="7">←水泥灌浆→</td></tr>
<tr><td colspan="3">←冷柏油灌浆→</td><td colspan="4">←热柏油灌浆→</td></tr>
<tr><td colspan="3">←沙化法→</td><td colspan="4"></td></tr>
<tr><td colspan="2"></td><td colspan="5">←黏土灌浆→</td></tr>
</table>

一、基岩灌浆的分类

水工建筑物的岩基灌浆按其作用，可分为帷幕灌浆、固结灌浆和接触灌浆。灌浆技术不仅大量运用于建筑物的基岩处理，而且也是进行水工隧洞围岩固结、衬砌回填、超前支护，混凝土坝体接缝以及建（构）筑物补强、堵漏等方面的主要措施。

1．帷幕灌浆

布置在靠近建筑物上游迎水面的基岩内，形成一道连续的平行建筑物轴线的防渗幕墙。其目的是减少基岩的渗流量，降低壁岩的渗透压力，保证基础的渗透稳定。帷幕灌浆的深度主要由作用水头及地质条件等确定，较之固结灌浆要深得多，有些工程的帷幕深度超过百米。在施工中，通常采用单孔灌浆，所使用的灌浆压力比较大。

帷幕灌浆一般安排在水库蓄水前完成，这样有利于保证灌浆的质量。由于帷幕灌浆的工程量较大，与坝体施工在时间安排上有矛盾，所以通常安排在坝体基础灌浆廊道内进行。这样既可实现坝体上升与基岩灌浆同步进行，也为灌浆施工具备了一定厚度的混凝土压重，有利于提高灌浆压力、保证灌浆质量。

2．固结灌浆

其目的是提高基岩的整体性与强度，并降低基础的透水性。当基岩地质条件较好时，一般可在坝基上下游应力较大的部位布置固结灌浆孔；在地质条件较差而坝体较高的情况下，则需要对坝基进行全面的固结灌浆，甚至在坝基以外上下游一定范围内也要进行固结灌浆。灌浆孔的深度一般为5～8m，也有深达15～40m的，各孔在平面上呈网格交错布置。通常采用群孔冲洗和群孔灌浆。

固结灌浆宜在一定厚度的坝体基层混凝土上进行，这样可以防止基岩表面冒浆，并采用较大的灌浆压力，提高灌浆效果，同时也兼顾坝体与基岩的接触灌浆。如果基岩比较坚硬、完整，为了加快施工速度，也可直接在基岩表面进行无混凝土压重的固结灌浆。在基层混凝土上进行钻孔灌浆，必须在相应部位混凝土的强度达到50%设计强度后，方可开始。或者先在岩基上钻孔，预埋灌浆管，待混凝土浇筑到一定厚度后再灌浆。同一地段的基岩灌浆必须按先固结灌浆后帷幕灌浆的顺序进行。

3．接触灌浆

其目的是加强坝体混凝土与坝基或岸肩之间的结合能力，提高坝体的抗滑稳定性。一般是通过混凝土钻孔压浆或预先在接触面上埋设灌浆盒及相应的管道系统。也可结合固结灌浆进行。

接触灌浆应安排在坝体混凝土达到稳定温度以后进行，以利于防止混凝土收缩产生拉裂。

二、灌浆的材料

岩基灌浆的浆液，一般应该满足如下要求：

（1）浆液在受灌的岩层中应具有良好的可灌性，即在一定的压力下，能灌到裂隙、空隙或孔洞中，充填密实；

（2）浆液硬化成结石后，应具有良好的防渗性能、必要的强度和黏结力；

（3）为便于施工和增大浆液的扩散范围，浆液应具有良好的流动性；

（4）浆液应具有较好的稳定性，吸水率低。

基岩灌浆以水泥灌浆最普遍。灌入基岩的水泥浆液，由水泥与水按一定配比制成，水泥浆液呈悬浮状态。水泥灌浆具有灌浆效果可靠，灌浆设备与工艺比较简单，材料成本低廉等优点。

水泥浆液所采用的水泥品种，应根据灌浆目的和环境水的侵蚀作用等因素确定。一般情况下，可采用标号不低于C45的普通硅酸盐水泥或硅酸盐大坝水泥，如有耐酸等要求时，选用抗硫酸盐水泥。矿渣水泥与火山灰质硅酸盐水泥由于其吸水快、稳定性差、早期强度低等缺点，一般不宜使用。

水泥颗粒的细度对于灌浆的效果有较大影响。水泥的颗粒越细，越能够灌入细微的裂隙中，水泥的水化作用也越完全。帷幕灌浆对水泥细度的要求为通过80 μm 方孔筛的筛余量不大于5%。灌浆用的水泥要符合质量标准，不得使用过期、结块或细度不合要求的水泥。

对于岩体裂隙宽度小于200 μm 的地层，普通水泥制成的浆液一般难以灌入。为了提高水泥浆液的可灌性，自20世纪80年代以来，许多国家陆续研制出各类超细水泥，并在工程中得到广泛采用。超细水泥颗粒的平均粒径约4 μm，比表面积8000cm^2/g，它不仅具有良好的可灌性，同时在结石体强度、环保及价格等方面都具有很大优势，特别适合细微裂隙基岩的灌浆。

在水泥浆液中掺入一些外加剂（如速凝剂、减水剂、早强剂及稳定剂等），可以调节或改善水泥浆液的一些性能，满足工程对浆液的特定要求，提高灌浆效果。外加剂的种类及掺入量应通过试验确定。

在水泥浆液里掺入黏土、砂、粉煤灰，制成水泥黏土浆、水泥砂浆、水泥粉煤灰浆等，可用于注入量大、对结石强度要求不高的基岩灌浆。这主要是为了节省水泥、降低材料成本。砂砾石地基的灌浆主要是采用此类浆液。

当遇到一些特殊的地质条件如断层、破碎带、细微裂隙等，采用普通水泥浆液难以达到工程要求时，也可采用化学灌浆，即灌注以环氧树脂、聚氨酯、平凝等高分子材料为基材制成的浆液。其材料成本比较高，灌浆工艺比较复杂。在基岩处理中，化学灌浆仅起辅助作用，一般是先进行水泥灌浆，再在其基础上进行化学灌浆，这样既可提高灌浆质量，也比较经济。

三、水泥灌浆的施工

在基岩处理施工前一般需进行现场灌浆试验。通过试验，可以了解基岩的可灌性、确定合理的施工程序与工艺、提供科学的灌浆参数等，为进行灌浆设计与施工准备提供主要依据。

基岩灌浆施工中的主要工序包括钻孔、钻孔（裂隙）冲洗、压水试验、灌浆、回填封孔等工作。

1. 钻孔

钻孔质量要求：

（1）确保孔位、孔深、孔向符合设计要求。钻孔的方向与深度是保证帷幕灌浆质量的关键。如果钻孔方向有偏斜，钻孔深度达不到要求，则通过各钻孔所灌注的浆液，不能连成一体，将形成漏水通路，如图3-1所示。

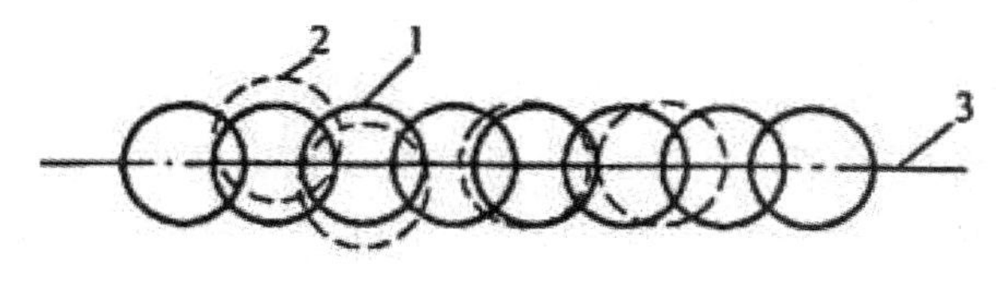

（a）平面图

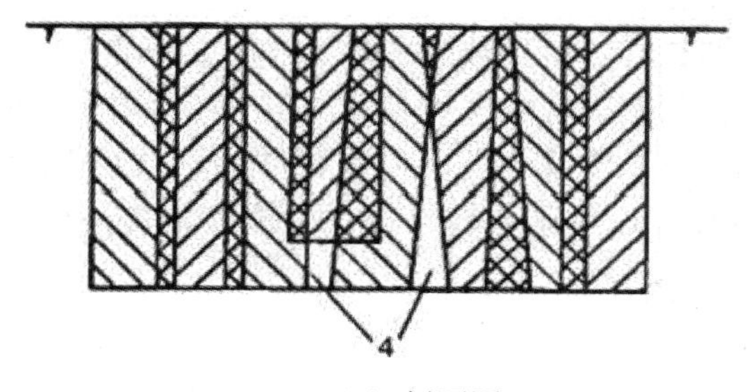

（b）剖面图

图3-1　钻孔质量对帷幕灌浆质量的影响

1．孔顶灌浆范围；2．孔底灌浆范围；3．灌浆帷幕轴线；4．渗漏通道

（2）力求孔径上下均一、孔壁平顺。孔径均一、孔壁平顺，则灌浆栓塞能够卡紧卡牢，灌浆时不致于产生绕塞返浆。

（3）钻进过程中产生的岩粉细屑较少。钻进过程中如果产生过多的岩粉细屑，容易堵塞孔壁的缝隙，影响灌浆质量，同时也影响工人的作业环境。

根据岩石的硬度完整性和可钻性的不同，分别采用硬质合金钻头、钻粒钻头和金刚石钻头。6～7级以下的岩石多用硬质合金钻头；7级以上用钻粒钻头；石质坚硬且较完整的用金刚石钻头。

帷幕灌浆的钻孔宜采用回转式钻机和金刚石钻头或硬质合金钻头，其钻进效率较高，不受孔深、孔向、孔径和岩石硬度的限制，还可钻取岩芯。钻孔的孔径一般在75～91mm。固结灌浆则可采用各式合适的钻机与钻头。

孔向的控制相对较困难，特别是钻设斜孔，掌握钻孔方向更加困难。在工程实践中，按钻孔深度不同规定了钻孔偏斜的允许值，见表3-3。当深度大于60m时，则允许的偏差不应超过钻孔的间距。钻孔结束后，应对孔深、孔斜和孔底残留物等进行检查，不符合要求的应采取补救处理措施。

表3-3　钻孔孔底最大允许偏差值

钻孔深度/m	20	30	40	50	60
允许偏差/m	0.25	0.50	0.80	1.15	1.50

钻孔顺序。为了有利于浆液的扩散和提高浆液结合的密实性，在确定钻孔顺序时，应和灌浆次序密切配合。一般是当一批钻孔钻进完毕后，随即进行灌浆。钻孔次序则以逐渐加密钻孔数和缩小孔距为原则。对排孔的钻孔顺序，先下游排孔，后上游排孔，最后中间排孔。对统一排孔而言，一般2～4次序孔施工，逐渐加密。

2．钻孔（裂隙）冲洗

钻孔后，要进行钻孔及岩层裂隙的冲洗。冲洗工作通常分为：①钻孔冲洗，将残存在钻孔底和黏滞在孔壁的岩粉铁屑等冲洗出来；②岩层裂隙冲洗，将岩层裂隙中的充填物冲洗出孔外，以便浆液进入到腾出的空间，使浆液结石与基岩胶结成整体。在断层、破碎带和细微裂隙等复杂地层中灌浆，冲洗的质量对灌浆效果影响极大。

一般采用灌浆泵将水压入孔内循环管路进行冲洗。将冲洗管插入孔内，用阻塞器将孔口堵紧，用压力水冲洗。也可采用压力水和压缩空气轮换冲洗或压力水和压缩空气混合冲洗的方法。

岩层裂隙冲洗方法分为单孔冲洗和群孔冲洗两种。在岩层比较完整，裂隙比较少的地方，可采用单孔冲洗。冲洗方法有高压压水冲洗、高压脉动冲洗和扬水冲洗等。

当节理裂隙比较发育且在钻孔之间互相串通的地层中，可采用群孔冲洗。将两个或两个以上的钻孔组成一个孔组，轮换地向一个孔或几个孔压进压力水或压力水混合压缩空气，从另外的孔排出污水，这样反复交替冲洗，直到各个孔出水洁净为止。

群孔冲洗时，沿孔深方向冲洗段的划分不宜过长，否则冲洗段内钻孔通过的裂隙条数增多，这样不仅分散冲洗压力和冲洗水量，并且一旦有部分裂隙冲通以后，水量将相对集中在这几条裂隙中流动，使其他裂隙得不到有效的冲洗。

为了提高冲洗效果，有时可在冲洗液中加入适量的化学剂，如碳酸钠（Na_2CO_3），氢氧化钠（NaOH）或碳酸氢钠（$NaHCO_3$）等，以便利于促进泥质充填物的溶解。加入化学剂的品种和掺量，宜通过试验确定。

采用高压水或高压水气冲洗时，要注意观测，防止冲洗范围内岩层的抬动和变形。

3．压水试验

在冲洗完成并开始灌浆施工前，一般要对灌浆地层进行压水试验。压水试验的主要目的是：测定地层的渗透特性，为基岩的灌浆施工提供基本技术资料。压水试验也是检查地层灌浆实际效果的主要方法。

压水试验的原理：在一定的水头压力下，通过钻孔将水压入到孔壁四周的缝隙中，根据压入的水量和压水的时间，计算出代表岩层渗透特性的技术参数。一般可采用透水率来表示岩层的渗透特性。所谓透水率，是指在单位时间内，通过单位长度试验孔段，在单位压力作用下所压入的水量。试验成果可用式（3-1）计算：

$$q = \frac{Q}{PL} \tag{3-1}$$

式中：q——地层的透水率，Lu（吕容）；

Q——单位时间内试验段的注水总量，L/min；

P——作用于试验段内的全压力，MPa；

L——压水试验段的长度，m。

灌浆施工时的压水试验，使用的压力通常为同段灌浆压力的80%，但一般不大于1MPa。

4．灌浆的方法与工艺

为了确保岩基灌浆的质量，必须注意以下问题。

（1）钻孔灌浆的次序。基岩的钻孔与灌浆应遵循分序加密的原则进行。一方面可以提高浆液结石的密实性，另一方面通过后灌序孔透水率和单位吸浆的分析，可推断先灌序孔的灌浆效果，同时还有利于减少相邻孔串浆现象。

（2）注浆方式。按照池浆时浆液灌注和流动的特点，灌浆方式有纯压式和循环式两种。对于帷幕灌浆，应优先采用循环式，如图3-2所示。

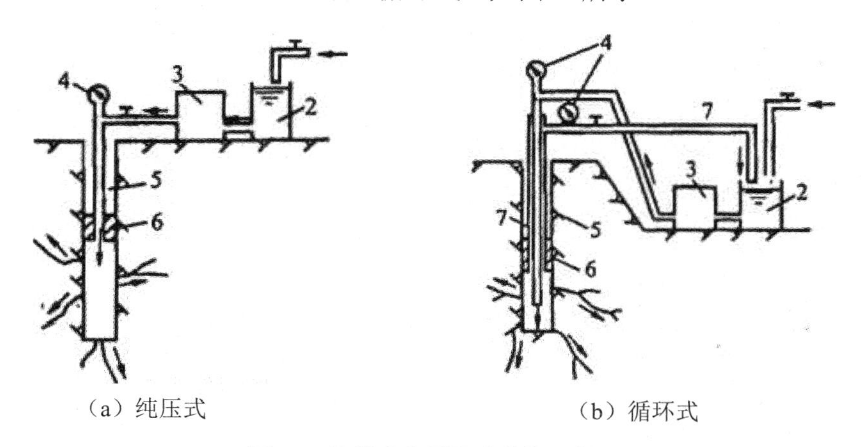

（a）纯压式　　（b）循环式

图3-2　纯压式和循环式灌浆示意图

1．水；2．拌浆桶；3．灌浆泵；4．压力表；5．灌浆管；6．灌浆塞；7．回浆管

纯压式灌浆，就是一次将浆液压入钻孔，并扩散到岩层裂隙中。灌注过程中，浆液从灌浆机向钻孔流动，不再返回；这种灌注方式设备简单，操作方便，但浆液流动速度较慢，容易沉淀，造成管路与岩层缝隙的堵塞，影响浆液扩散。纯压式灌浆多用于吸浆量大，有大裂隙存在，孔深不超过12～15m的情况。

循环式灌浆，灌浆机把浆液压入钻孔后，浆液一部分被压入岩层缝隙中，另一部分由回浆管返回拌浆筒中。这种方法一方面可使浆液保持流动状态，减少浆液沉淀；另一方面可根据进浆和回浆浆液比重的差别，来了解岩层吸收情况，并作为判定灌浆结束的一个条件。

（3）钻灌方法。按照同一钻孔内的钻灌顺序，有全孔一次钻灌和全孔分段钻灌两种方法。全孔一次钻灌系将灌浆孔一次钻到全深，并沿全孔进行灌浆。这种方法施工简便，多用于孔深不超过6m，地质条件良好，基岩比较完整的情况。

全孔分段钻灌又分为自上而下法、自下而上法、综合灌浆法及孔口封闭法等。

①自上而下分段钻灌法。其施工顺序是：钻一段，灌一段，待凝一定时间以后，再钻灌下一段，钻孔和灌浆交替进行，直到设计深度。其优点是：随着段深的增加，可以逐段增加灌浆压力，借以提高灌浆质量；由于上部岩层经过灌浆，形成结石，下部岩层灌浆时，不易产生岩层抬动和地面冒浆等现象；分段钻灌，分段进行压水试验，压水试验的成果比较准确，有利于分析灌浆效果，估算池浆材料的需用量。但缺点是钻灌一段以后，要待凝一定时间，才能钻灌下一段，钻孔与灌浆须交替进行，设备搬移频繁，影响施工进度。

②自下而上分段钻灌法。一次将孔钻到全深，然后自下而上逐段灌浆，这种方法的优缺点与自上而下分段灌浆刚好相反。一般多用在岩层比较完整或基岩上部已有足够压重不致引起地面抬动的情况。

③综合钻灌法。在实际工程中，通常是接近地表的岩层比较破碎，越往下岩层越完整。因此，在进行深孔灌浆时，可以兼取以上两种方法的优点，上部孔段采用自上而下法钻灌，下部孔段则采用自下而上法钻灌。

④孔口封闭灌浆法。其要点是：先在孔口镶铸不小于2m的孔口管，以便安设孔口封闭器；采用小孔径的钻孔。自上而下逐段钻孔与灌浆；上段灌后不必待凝，进行下段的钻灌，如此循环，直至终孔；可以多次重复灌浆，可以使用较高的灌浆压力。其优点是：工艺简便、成本低、效率高，灌浆效果好。其缺点是：当灌注时间较长时，容易造成灌浆管被水泥浆凝住的现象。

一般情况下，灌浆孔段的长度多控制在5～6m。如果地质条件好，岩层比较完整，段长可适当放长，但也不宜超过10m；在岩层破碎，裂隙发育的部位，段长应适当缩短，可取3～4m；而在破碎带、大裂隙等漏水严重的地段以及坝体与基岩的接触面，应单独分段进行处理。

（4）灌浆压力。灌浆压力通常是指作用在灌浆段中部的压力，可由下式来确定：

$$p = p_1 + p_2 \pm p_f \tag{3-2}$$

式中：p——灌浆压力，MPa；

P_1——灌浆管路中压力表的指示压力，MPa；

P_2——计入地下水水位影响以后的浆液自重压力，浆液的密度按最大值计算，

MPa；

P_f——浆液在管路中流动时的压力损失，MPa。

计算P_1时，如压力表安设在孔口进浆管上（纯压式灌浆），则按浆液在孔内进浆管中流动时的压力损失进行计算，在公式中取负号；当压力表安设在孔口回浆管上（循环式灌浆），则按浆液在孔内环形截面回浆管中流动时的压力损失进行计算，在公式中取正号。

灌浆压力是控制灌浆质量、提高灌浆经济效益的重要因素。确定灌浆压力的原则是：在不致于破坏基础和建筑物的前提下，尽可能采用比较高的压力。高压灌浆可以使浆液更好地压入细小缝隙内，增大浆液扩散半径，析出多余的水分，提高灌注材料的密实度。灌浆压力的大小，与孔深、岩层性质、有无压重以及灌浆质量要求等有关，可参考类似工程的灌浆资料，特别是现场灌浆试验成果确定，并且在具体的灌浆施工中结合现场条件进行调整。

（5）灌浆压力的控制。在灌浆过程中，合理地控制灌浆压力和浆液稠度，是提高灌浆质量的重要保证。灌浆过程中灌浆压力的控制基本上有两种类型，即一次升压法和分级升压法。

①一次升压法。灌浆开始后，一次将压力升高到预定的压力，并在这个压力作用下，灌注由稀到浓的浆液。当每一级浓度的浆液注入量和灌注时间达到一定限度以后，就变换浆液配比，逐级加浓。随着浆液浓度的增加，裂隙将被逐渐充填，浆液注入率将逐渐减少，当达到结束标准时，就结束灌浆。这种方法适用于透水性不大，裂隙不甚发育，岩层比较坚硬完整的地方。

②分级升压法。是将整个灌浆压力分为几个阶段，逐级升压直到预定的压力。开始时，从最低一级压力起灌，当浆液注入率减少到规定的下限时，将压力升高一级，如此逐级升压，直到预定的灌浆压力。

（6）浆液稠度的控制。灌浆过程中，必须根据灌浆压力或吸浆率的变化情况，适时调整浆液的稠度，使岩层的大小缝隙既能灌饱，又不浪费。浆液稠度的变换按先稀后浓的原则控制，这是由于稀浆的流动性较好，宽细裂隙都能进浆，使细小裂隙先灌饱，而后随着浆液稠度逐渐变浓，其他较宽的裂隙也能逐步得到良好的充填。

（7）灌浆的结束条件与封孔。灌浆的结束条件，一般用两个指标来控制，一个是残余吸浆量，又称最终吸浆量，即灌到最后的限定吸浆量；另一个是闭浆时间，即在残余吸浆量不变的情况下保持设计规定压力的延续时间。

帷幕灌浆时，在设计规定的压力之下，灌浆孔段的浆液注入率小于0.4L/min时，再延续灌注60min（自上而下法）或30min（自下而上法）；或浆液注入率不大于1.0L/min时，继续灌注90min或60min，就可结束灌浆。

对于固结灌浆，其结束标准是浆液注入率不大于0.4L/min，延续时间30min，灌浆可以结束。

灌浆结束以后，应随即将灌浆孔清理干净。对于帷幕灌浆孔，宜采用浓浆灌浆法填实，再用水泥砂浆封孔；对于固结灌浆，孔深小于10m时，可采用机械压浆法进行回填封孔，即通过深入孔底的灌浆管压入浓水泥浆或砂浆，顶出孔内积水，随浆面的上升，缓慢提升灌浆管。当孔深大于10m时，其封孔与帷幕孔相同。

5．灌浆的质量检查

基岩灌浆属于隐蔽性工程，必须加强灌浆质量的控制与检查。为此，一方面，要认真做好灌浆施工的原始记录，严格灌浆施工的工艺控制，防止违规操作；另一方面，要在一个灌浆区灌浆结束以后，进行专门性的质量检查，作出科学的灌浆质量评定。基岩灌浆的质量检查结果，是整个工程验收的重要依据。

灌浆质量检查的方法很多，常用的有：在已灌地区钻设检查孔，通过压水试验和浆液注入率试验进行检查；通过检查孔，钻取岩芯进行检查，或进行钻孔照相和孔内电视，观察孔壁的灌浆质量；开挖平洞、竖井或钻设大口径钻孔，检查人员直接进去观察检查，并在其中进行抗剪强度、弹性模量等方面的试验；利用地球物理勘探技术，测定基岩的弹性模量、弹性波速等，对比这些参数在灌浆前后的变化，借以判断灌浆的质量和效果。

四、化学灌浆

化学灌浆是在水泥灌浆基础上发展起来的新型灌浆方法。它是将有机高分子材料配制成的浆液灌入地基或建筑物的裂缝中，经胶凝固化后，达到防渗、堵漏、补强、加固的目的。

它主要用于裂隙与空隙细小（0.1mm以下），颗粒材料不能灌入；对基础的防渗或强度有较高要求；渗透水流的速度较大，其他灌浆材料不能封堵等情况。

1．化学灌浆的特性

化学灌浆材料有很多品种，每种材料都有其特殊的性能，按灌浆的目的可分为防渗堵漏和补强加固两大类。属于防渗堵漏的有布水玻璃、丙凝类、聚氨酯类等，属于补强加固的有环氧树脂类、甲凝类等。化学浆液有以下特性：

（1）化学浆液的黏度低，有的接近于水，有的比水还小。其流动性好，可灌性高，可以灌入水泥浆液灌不进去的细微裂隙中。

（2）化学浆液的聚合时间可以比较准确地控制，从几秒到几十分钟，有利于机动灵活地进行施工控制。

（3）化学浆液聚合后的聚合体，渗透系数很小，一般为10^{-6}～10^{-5}cm/s，防渗效果好。

（4）有些化学浆液聚合体本身的强度及黏结强度比较高，可承受高水头。

（5）化学灌浆材料聚合体的稳定性和耐久性均较好，能抗酸、碱及微生物的侵蚀。

（6）化学灌浆材料都有一定毒性，在配制、施工过程中要十分注意防护，并切实防止对环境的污染。

2．化学灌浆的施工

由于化学材料配制的浆液为真溶液，不存在粒状灌浆材料所存在的沉淀问题，故化学灌浆都采用纯压式灌浆。

化学灌浆的钻孔和清洗工艺及技术要求，与水泥灌浆基本相同，也遵循分序加密的原则进行钻孔灌浆。

化学灌浆的方法，按浆液的混合方式区分，有单液法灌浆和双液法灌浆两种。一次配制成的浆液或两种浆液组分在泵送灌注前先行混合的灌浆方法称为单液法。两种浆液组分在泵送后才混合的灌浆方法称为双液法。前者施工相对简单，在工程中使用较多。为了保持连续供浆，现在多采用电动式比例泵提供压送浆液的动力。比例泵是专用的化学灌浆设备，由两个出浆量能够任意调整，可实现按设计比例压浆的活塞泵所构成。对于小型工程和个别补强加固的部位，也可采用手压泵。

第二节　防渗墙

防渗墙是一种修建在松散透水底层或土石坝中起防渗作用的地下连续墙。防渗墙技术在20世纪50年代起源于欧洲，因其结构可靠、施工简单、适应各类底层条件、防渗效果好以及造价低等优点，现在国内外得到了广泛应用。

我国防渗墙施工技术的发展始于1958年，此前，我国在坝基处理方面对较浅的沼盖层大多采用大开挖后再回填黏土截水墙的办法。对于较深的覆盖层，采用大开挖的办法难以进行，因而采用水平防渗的处理办法，即在上游填筑黏土铺盖，下游坝脚设反滤排水及减压设施，用延长渗径和排水减压的办法控制渗流。这种处理办法虽可以保证坝基的渗流稳定，但局限性较大。

1959年在山东省青岛市月子口水库，利用连锁桩柱法在砂砾石地基中首次建成了桩柱式防渗墙。1959年在密云水库防渗墙施工中又摸索出一套槽形孔防渗墙的造孔施工方法，仅用七个月就修建了一道长784m、8m、深44m、厚0.8m、面积达13万m^2的槽孔式混凝土防渗墙。

50多年来，我国的防渗墙施工技术不断发展，现已成为水利水电工程覆盖层及土石围堰防渗处理的首选方案。

一、防渗墙特点

（1）适用范围较广：适用于多种地质条件，如沙土、砂壤土、粉土以及直径＜10mm的卵砾石土层，都可以做连续墙，对于岩石地层可以使用冲击钻成槽。

（2）实用性较强：广泛应用于水利水电、工业民用建筑、市政建设等各个领域。塑性混凝土防渗墙可以在江河、湖泊、水库堤坝中起到防渗加固作用；刚性混凝土连续墙可以在工业民用建筑、市政建设中起到挡土、承重作用。混凝土连续墙深度可达100多m。三峡二期围堰轴线全长1439.6m，最大高度82.5m，最大填筑水深达60m，最大挡水水头达85m，防渗墙最大高度74m。

（3）施工条件要求较宽：地下连续墙施工时噪声低、振动小，可在较复杂条件下施工，可昼夜施工，加快施工速度。

（4）安全、可靠：地下连续墙技术自诞生以来有了较大发展，在接头的连接技术上也有了很大进步，较好地完成了段与段之间的连接，其渗透系数可达到10^{-7}cm/s以下。作为承重和挡土墙，可以做成刚度较大的钢筋混凝土连续墙。

（5）工程造价较低：10cm厚的混凝土防渗墙造价约为240元/m^2，40cm厚的防渗墙造价约为430元/m^2。

二、防渗墙的分类及适用条件

按结构形式防渗墙可分为桩柱型、槽板型和板桩灌注型等。

按墙体材料防渗墙可分为混凝土、黏土混凝土、钢筋混凝土、自凝灰浆、固化灰浆和少灰混凝土等。

防渗墙的分类及其适用条件见表3-4。

表3-4　防渗墙的类型及适用条件

<table>
<tr><th colspan="3">防渗墙类型</th><th>特点</th><th>适用条件</th></tr>
<tr><td rowspan="4">按结构形式分类</td><td rowspan="2">桩柱型</td><td>搭接</td><td>单孔钻进后浇筑混凝土建成桩柱，桩柱间搭接一定厚度成墙，不易塌孔。造孔精度要求高，搭接厚度不易保证，难以形成等厚度的墙体</td><td>各种地层，特别是深度较浅、成层复杂、容易塌孔的地层。多用于低水头工程</td></tr>
<tr><td>联接</td><td>单号孔先钻进建成桩柱，双号孔用异形钻头和双反弧钻头钻进，可连接建成等厚度墙体，施工工艺机具较复杂，不易塌孔，单接缝多</td><td>各种地层，特殊条件下，多用于地层深度较大的工程</td></tr>
<tr><td colspan="2">槽板型</td><td>将防渗墙沿轴线方向分成一定长度的槽段，各槽段分期施工，槽段间卸料用不同连接形式连接成墙。接缝少，工效高，墙厚均匀，防渗效果好。措施不当易发生塌孔现象和不易保证墙体质量</td><td>采用不同机具，适用各种不同深度的地层</td></tr>
<tr><td colspan="2">板桩灌注型</td><td>打入特制钢板桩，提桩注浆成墙，工效高，墙厚小，造价低</td><td>深度较浅的松软地层，低水头堤、闸、坝防渗处理</td></tr>
</table>

续表

防渗墙类型		特点	适用条件
按墙体材料分类	混凝土	普通混凝土，抗压强度和弹性模量较高，抗渗性能好	一般工程
	黏土混凝土	抗渗性能好	一般工程
	钢筋混凝土	能承受较大的弯矩和应力	结构有特殊要求
按墙体材料分类	自凝灰浆和固化灰浆	灰浆固壁、自凝成墙，或泥浆固壁然后向泥浆内掺加凝结材料成墙，强度低，弹模低，塑性好	多用于低水头或临时建筑物
	少灰混凝土	利用开挖渣料，掺加黏土和少量水泥，采用岸坡倾灌法浇筑成墙	临时性工程，或有特殊要求的工程

三、防渗墙的作用与构造特点

（一）防渗墙的作用

防渗墙是一种防渗结构，但其实际的应用已远远超出了防渗的范围，可用来解决防渗、防冲、加固、承重及地下截流等工程问题。具体的运用主要有如下几个方面：

（1）控制闸、坝基础的渗流；

（2）控制土石围堰及其基础的渗流；

（3）防止泄水建筑物下游基础的冲刷；

（4）加固一些有病害的土石坝及堤防工程；

（5）作为一般水工建筑物基础的承重结构；

（6）拦截地下潜流，抬高地下水位，形成地下水库。

（二）防渗墙的构造特点

防渗墙的类型较多，但从其构造特点来说，主要是两类：槽孔（板）型防渗墙和桩柱型防渗墙。前者是我国水利水电工程中混凝土防渗墙的主要形式。防渗墙系垂直防渗措施，其立面布置有两种形式：封闭式与悬挂式。封闭式防渗墙是指墙体插入到基岩或相对不透水层一定深度，以实现全面截断渗流的目的。而悬挂式防渗墙，墙体只深入地层一定深度，仅能加长渗径，无法完全封闭渗流。对于高水头的坝体或重要的围堰，有时设置两道防渗墙，共同作用，按一定比例分担水头。这时应注意水头的合理分配，避免造成单道墙承受水头过大而破坏，这对另一道墙也是很危险的。

防渗墙的厚度主要由防渗要求、抗渗耐久性、墙体的应力与强度及施工设备等因素确定。其中，防渗墙的耐久性是指抵抗渗流侵蚀和化学溶蚀的性能，这两种破坏作用均与水力梯度有关。

不同的墙体材料具有不同的抗渗耐久性，其允许水力梯度值也就不同。如普通混凝土防渗墙的允许水力梯度值一般在80～100，而塑性混凝土因其抗化学溶蚀性能较好，可达300，水力梯度值一般在50～60。

（三）防渗性能

根据混凝土防渗墙深度、水头压力及地质条件的不同，混凝土防渗墙可以采用不同的厚度，从1.5～0.20m不等。在长江监利县南河口大堤用过的混凝土防渗墙深度为15～20m，墙体厚度为7.5cm。渗透系数K＜10^{-7}cm/s，抗压强度大于1.0MPa。目前，塑性混凝土防渗墙越来越受到重视，它是在普通混凝土中加入黏土、膨润土等掺合材料，大幅度降低水泥掺量而形成的一种新型塑性防渗墙体材料。塑性混凝土防渗墙因其弹性模量低，极限应变大，使得塑性混凝土防渗墙在荷载作用下，墙内应力和应变都很低，可提高墙体的安全性和耐久性，而且施工方便，节约水泥，降低工程成本，具有良好的变形和防渗性能。

有的工程对墙的耐久性进行了研究，粗略地计算防渗墙抗溶蚀的安全年限。根据已经建成的一些防渗墙统计，混凝土防渗墙实际承受的水力坡降可达100。如南谷洞土坝防渗墙水力坡降为91，毛家村土坝防渗墙为80～85，密云土现防渗墙为80。对于较浅的混凝土防渗墙在承受低水头的情况下，可以使用薄墙，厚度为0.22～0.35m。

四、防渗墙的墙体材料

防渗墙的墙体材料，按其抗压强度和弹性模量，一般分为刚性材料和柔性材料两种。可在工程性质与技术经济比较后，选择合适的墙体材料。

刚性材料包括普通混凝土、黏土混凝土和掺粉煤灰混凝土等，其抗压强度大于5MPa，弹性模量大于10000MPa。柔性材料的抗压强度则小于5MPa，弹性模量小于10OOOMPa，包括塑性混凝土、自凝灰浆和固化灰浆等。另外，现在有些工程开始使用强度大于25MPa的高强混凝土，以适应高坝深基础对防渗墙的技术要求。

（一）普通混凝土

是指其强度在7.5～20MPa，不加其他掺合料的高流动性混凝土。由于防渗墙的混凝土是在泥浆下浇筑，故要求混凝土能在自重下自行流动，并有抗离析与保持水分的性能。其坍落度一般为18～22cm，扩散度为34～38cm。

（二）黏土混凝土

在混凝土中掺入一定量的黏土（一般为总量的12%～20%），不仅可以节省水泥，还可以降低混凝土的弹性模量，改变其变形性能，增加其和易性，改善其易堵性。

（三）粉煤灰混凝土

在混凝土中掺加一定比例的粉煤灰，能改善混凝土的和易性，降低混凝土发热量，提高混凝土密实性和抗侵蚀性，并具有较高的后期强度。

（四）塑性混凝土

以黏土和（或）膨润土取代普通混凝土中的大部分水泥所形成的一种柔性墙体材料。

塑性混凝土与黏土混凝土有本质区别，因为后者的水泥用量降低并不多，掺黏土的主要目的是改善和易性，并未过多改变弹性模量。塑性混凝土的水泥用量仅为80～100kg/m^3，使得其强度低，特别是弹性模量值低到与周围介质（基础）相接近，这时，墙体适应变形的能力大大提高，几乎不产生拉应力，减少了墙体出现开裂现象的可能性。

（五）自凝灰浆

是在固壁浆液（以膨润土为主）中加入水泥和缓凝剂所制成的一种灰浆。凝固前作为造孔用的固壁泥浆，槽孔造成后则自行凝固成墙。

（六）固化灰浆

在槽锻造孔完成后，向固壁的泥浆中加入水泥等固化材料，沙子、粉煤灰等掺合料，水玻璃等外加剂，经机械搅拌或压缩空气搅拌后，凝固成墙体。

五、防渗墙的施工工艺

槽孔（板）型的防渗墙，是由一段段槽孔套接而成的地下墙。尽管在应用范围、构造形式和墙体材料等方面存在各种类型的防渗墙，但其施工程序与工艺是类似的，主要包括：①造孔前的准备工作；②泥浆固壁与造孔成槽；③终孔验收与清孔换浆；④槽孔浇筑；⑤全墙质量验收等过程。

（一）造孔准备

造孔前准备工作是防渗墙施工的一个重要环节。

必须根据防渗墙的设计要求和槽孔长度的划分，作好槽孔的测量定位工作，并在此基础上设置导向槽（如图3-3）。

导向槽的作用是：导墙是控制防渗墙各项指标的基准，导墙和防渗墙的中心线必须一致，导墙宽度一般比防渗墙的宽度多3～5cm，它指示挖槽位置，为挖槽起导向作用；导墙竖向面的垂直度是决定防渗墙垂直度的首要条件，导墙顶部应平整，保证导向钢轨的架设和定位；导墙可防止槽壁顶部坍塌，保持泥浆压力，防止坍塌和阻止废浆脏水倒流入槽，保证地面土体稳定，在导墙之间每隔1～3m加设临时木支撑；导墙经常承受灌注混凝土的导管、钻机等静、动荷载，可以起到重物支承台的作用；维持稳定液面的作用，特别是地下水位很高的地段，为维持稳定液面，至少要高出地下水位导墙内的空间，有时可作为稳定液的贮藏槽。

导向槽可用木料、条石、灰拌土或混凝土制成。导向槽沿防渗墙轴线设在槽孔上方，导向槽的净宽一般等于或略大于防渗墙的设计厚度，高度以1.5～2.0m为宜。为了维持槽孔的稳定，要求导向槽底部高出地下水位0.5m以上。为了防止地表积水倒流和便于自流排浆，其顶部高程应比两侧地面略高。

钢筋混凝土导墙常用现场浇筑法。其施工顺序是：平整场地、测量位置、挖槽与处理弃土、绑扎钢筋、支模板、灌注混凝土、拆模板并设横撑、回填导墙外侧空隙并碾压密实。

导墙的施工接头位置，应与防渗墙的施工接头位置错开。另外还可设置插铁以保持导墙的连续性。

导向槽安设好后，在槽侧铺设造孔钻机的轨道，安装钻机，修筑运输道路，架设动力和照明路线以及供水供浆管路，作好排水排浆系统，并向槽内充灌泥浆，保持泥浆液面在槽顶以下30～50cm。做好这些准备工作以后，就可开始造孔。

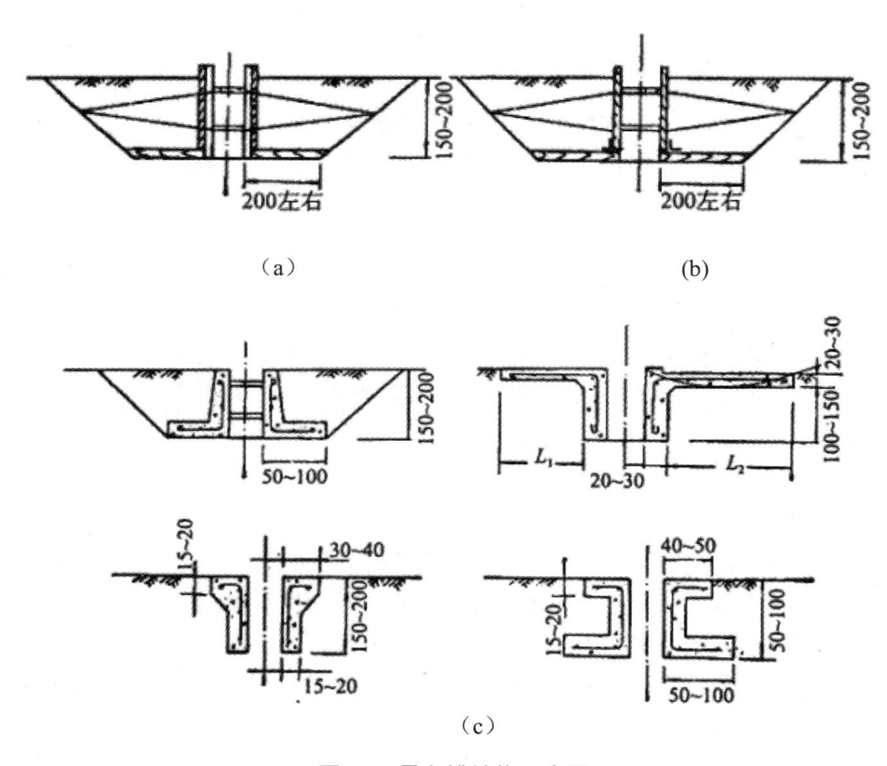

图3-3　导向槽结构示意图

（二）固壁泥浆和泥浆系统

在松散透水的地层和坝（堰）体内进行造孔成墙，如何维持槽孔孔壁的稳定是防渗墙施工的关键技术之一。工程实践表明，泥浆固壁是解决这类问题的主要方法。泥浆固壁的原理是：由于槽孔内的泥浆压力要高于地层的水压力，使泥浆渗入槽壁介质中，其中较细的颗粒进入空隙，较粗的颗粒附在孔壁上，形成泥皮。

泥皮对地下水的流动形成阻力，使槽孔内的泥浆与地层被泥皮隔开。泥浆一般具有较大的密度，所产生的侧压力通过泥皮作用在图3-4泥浆固壁原理图孔壁上，就保证了槽壁的稳定。泥浆固壁原理如图3-4所示。

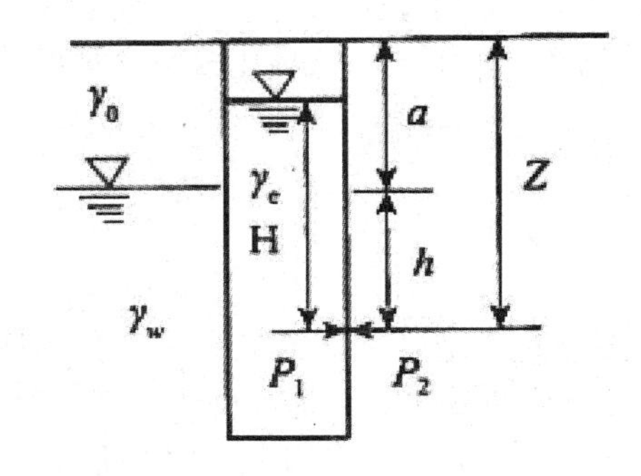

图3-4　泥浆固壁原理图

孔壁任一点土体侧向稳定的极限平衡条件为

$$p_1 = p_2 \tag{3-3}$$

即

$$\gamma_e H = \gamma h + [\gamma_0 a + (\gamma_w - \gamma)h]K \tag{3-4}$$

其中：

$$K = tg^2\left(45° - \frac{\varphi}{2}\right)$$

式中：p_1——泥浆压力，kN/m^2；

p_2——地下水压力和土压力之和，kN/m^2；

γ_e——泥浆的容重，kN/m^3；

γ——水的容重，kN/m^3；

土的干容重，kN/m^3；

γ_0——土的饱和容重，kN/m^3；

K——土的侧压力系数；

ω——土的内摩擦角，一般可取K=0.5。

泥浆除了固壁作用外，在造孔过程中，还有悬浮和携带岩屑、冷却润滑钻头的作用；成墙以后，渗入孔壁的泥浆和胶结在孔壁的泥皮，还对防渗起辅助作用。由于泥浆的特殊重要性，在防渗墙施工中，国内外工程对于泥浆的制浆土料、配比以及质量控制等方面均有严格的要求。

泥浆的制浆材料主要有柯膨润土、黏土、水以及改善泥浆性能的掺合料，如加重剂、增黏剂、分散剂和堵漏剂等。制浆材料通过搅拌机进行拌制，经筛网过滤后，放入专用储浆池备用。

我国根据大量的工程实践，提出制浆土料的基本要求是黏粒含量大于50%，塑性指数大于20，含砂量小于5%，氧化硅与三氧化二铝含量的比值以3～4为宜。配制而成的泥浆，其性能指标，应根据地层特性、造孔方法和泥浆用途等，通过试验选定。

（三）造孔成槽

造孔成槽工序约占防渗墙整个施工工期的一半。槽孔的精度直接影响防渗墙的质量。选择合适的造孔机具与挖槽方法对于提高施工质量、加快施工速度至关重要。混凝土防渗墙的发展和广泛应用，也是与造孔机具的发展和造孔挖槽技术的改进密切相关的。

用于防渗墙开挖槽孔的机具，主要有冲击钻机、回转钻机、钢绳抓斗及液压铣梢机等。它们的工作原理、适用的地层条件及工作效率有一定差别。对于复杂多样的地层，一般要多种机具配套使用。

进行造孔挖槽时，为了提高工效，通常要先划分槽段，然后在一个槽段内，划分主孔和副孔，采用钻劈法、钻抓法或分层钻进等方法成槽。

各种造孔挖槽的方法，都采用泥浆固壁，在泥浆液面下钻挖成槽的。在造孔过程中，要严格按操作规程施工，防止掉钻、卡钻、埋钻等事故发生；必须经常注意泥浆液面的稳定，发现严重漏浆，要及时补充泥浆，采取有效的止漏措施；要定时测定泥浆的性能指标，并控制在允许范围以内；应及时排除废水、废浆、废渣，不允许在槽口两侧堆放重物，以免影响工作，甚至造成孔壁坍塌；要保持槽壁平直，保证孔位、孔斜、孔深、孔宽以及槽孔搭接厚度、嵌入基岩的深度等满足规定的要求，防止漏钻漏挖和欠钻欠挖。

（四）终孔验收和清孔换浆

防渗墙终孔验收的项目及要求，见表3-5。验收合格方准进行清孔换浆，清孔换浆的目的是在混凝土浇筑前，对留在孔底的沉渣进行清除，换上新鲜泥浆，以保证混凝土和不透水地层连接的质量。清孔换浆应该达到的标准是：经过lh后，孔底淤积厚度不大于10cm，孔内泥浆密度不大于1.3，黏度不大于30s，含砂量不大于10%。一般要求清孔换浆以后4h内开始浇筑混凝土。如果不能按时浇筑，应采取措施，防止落淤，否则，在浇筑前要重新清孔换浆。

表3-5　防渗墙终孔验收项目及要求

终孔验收项目	终孔验收要求	终孔验收项目	终孔验收要求
槽位允许偏差	±3cm	一、二期槽孔搭接孔位中心偏差	≤1/3设计墙厚
槽宽要求	≥设计墙厚	槽孔水平断面上	没有梅花孔、小墙
槽孔孔斜	≤4‰	槽孔嵌入基岩深度	满足设计要求

（五）墙体浇筑

防渗墙的混凝土浇筑和一般混凝土浇筑不同，是在泥浆液面下进行的。泥浆下浇筑混凝土的主要特点是：

（1）不允许泥浆与混凝土掺混形成泥浆夹层；

（2）确保混凝土与基础以及一、二期混凝土之间的结合；

（3）连续浇筑，一气呵成。

泥浆下浇筑混凝土常用直升导管法。清孔合格后，立即下设钢筋笼、预埋管、导管和观测仪器。导管由若干节管径20～25cm的钢管连接而成，沿槽孔轴线布置，相邻导管的间距不宜大于3.5m，一期槽孔两端的导管距端面以1.0～1.5m为宜，开浇时导管口距孔底10～25cm，把导管固定在槽孔口。当孔底高差大于25cm时，导管中心应布置在该导管控制范围的最低处。这样布置导管，有利于全槽混凝土面的均衡上升，有利于一、二期混凝土的结合，并可防止混凝土与泥浆掺混。槽孔浇筑应严格遵循先深后浅的顺序，即从最深的导管开始，由深到浅一个一个导管依次开浇，待全槽混凝土面浇平以后，再全槽均衡上升。

每个导管开浇时，先下入导注塞，并在导管中灌入适量的水泥砂浆，准备好足够数量的混凝土，将导注塞压到导管底部，使管内泥浆挤出管外。然后将导管稍微上提，使导注塞浮出，一举将导管底端被泻出的砂浆和混凝土埋住，保证后续浇筑的混凝土不致于泥浆掺混。

在浇筑过程中，应保证连续供料，一气呵成；保持导管埋入混凝土的深度不小于1m；维持全槽混凝土面均衡上升，上升速度不应小于2m/h，高差控制在0.5m范围内。

混凝土上升到距孔口10m左右，常因沉淀砂浆含砂量大，稠度增浓，压差减小，增加浇筑困难。这时可用空气吸泥器，砂泵等抽排浓浆，以便浇筑顺利进行。

浇筑过程中应注意观测，作好混凝土面上升的记录，防止堵管、埋管、导管漏浆和泥架掺混等事故的发生。

六、防渗墙的质量检查

对混凝土防渗墙的质量检查应按规范及设计要求进行，主要有如下几个方面：

（1）槽孔的检查，包括几何尺寸和位置、钻孔偏斜、入岩深度等。

（2）清孔检查，包括槽段接头、孔底淤积厚度、清孔质量等。

（3）混凝土质量的检查，包括原材料、新拌料的性能、硬化后的物理力学性能等。

（4）墙体的质量检测，主要通过钻孔取芯、超声波及地震透射层析成像（CT）技术等方法全面检查墙体的质量。

七、双轮铣成槽技术

（一）双轮铣成槽技术工作原理

双轮铣设备的成槽原理是通过液压系统驱动下部两个轮轴转动，水平切削、破碎地层，采用反循环出碴。双轮铣设备主要由四部分组成：起重设备、铣槽机、泥浆制备及筛分系统等。铣槽时，两个铣轮低速转动，方向相反，其铣齿将地层围岩铣削破碎，中间液压马达驱动泥浆泵，通过铣轮中间的吸砂口将钻掘出的岩渣与泥浆混合物排到地面泥浆站进行集中除砂处理、然后将净化后的泥浆返回槽段内，如此往复循环，直至终孔成槽。在地面通过传感器控制液压千斤顶系统伸出或缩回导向板、纠偏板，调整铣头的姿态，并调慢铣头下降速度，从而有效地控制了槽孔的垂直度。如图3-5。

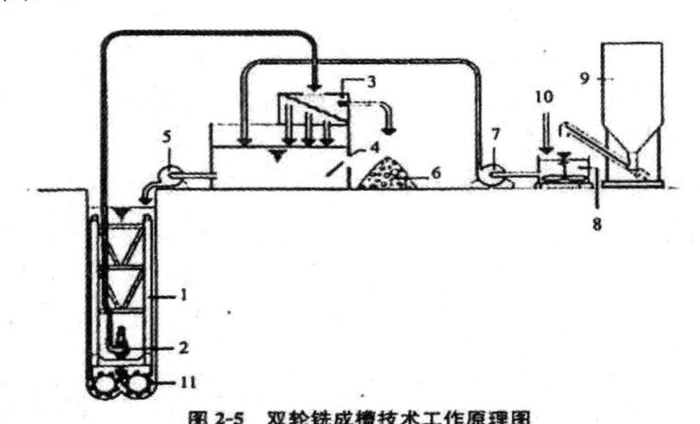

图3-5 双轮铣成槽技术工作原理图

1. 旋转；2. 铣刀泥浆泵；3. 除砂器；4. 供浆池；5. 地泵；6. 出砂；7. 供浆泵；8. 泥浆搅拌机；9. 斑脱上罐；10. 水；11. 铣削轮

（二）主要优缺点

双轮铣成槽技术具有以下优点：

（1）对地层适应性强，从软土到岩石地层均可实施切削搅拌，更换不同类型的刀具即可在淤泥、砂、砾石、卵石及中硬强度的岩石、混凝土中开挖；

（2）钻进效率高，在松散地层中钻进效率20～40m^3/h，双轮铣设备施工进度与传统的抓槽机和冲孔机在土层、砂层等软弱地层中为抓槽机的2～3倍，在微风岩层中可达到冲孔成槽效率的20倍以上，同时也可以在岩石中成槽；

（3）孔形规则（墙体垂直度可控制在3‰以下）；

（4）运转灵活，操作方便；

（5）排渣同时即清孔换浆，减少了混凝土浇筑准备时间；

（6）低噪声、低振动，可以贴近建筑物施工；

（7）设备成桩深度大，远大于常规设备；

（8）设备成桩尺寸、深度、注浆量、垂直度等参数控制精度高，可保证施工质量，工艺没有“冷缝”概念，可实现无缝连接，形成无缝墙体。

但同时由于工艺和设备限制其存在一定的局限性：

（1）不适用于存在孤石、较大卵石等地层，此种地层下需和冲击钻或爆破配合使用；

（2）受设备限制连续墙槽段划分不灵活，尤其是二期槽段；

（3）设备维护复杂且费用高；

（4）设备自重较大对场地硬化条件要求较传统设备高。

（三）施工准备

1．测放样

施工前使用GPS放样防渗墙轴线，然后延轴线向两侧分别引出桩点，便于机械移动施工。

2．机械设备

主要施工机械有双轮铣，水泥罐，空气压缩机，制浆设备，挖掘机等。

3．施工材料

水泥选用强度等级为42.5级矿渣水泥。进场水泥必须具备出厂合格证，并经现场取样送实验室复检合格，水泥罐储量要充分满足施工需要。

施工供水、施工供电等。

（四）施工工艺

工艺流程包括清场备料、放样接高、安装调试、开沟铺板、移机定位、铣削掘进搅拌、浆液制备、输送、铣体混合输送、回转提升、成墙移机等。双轮铣施工工艺如图3-6所示。

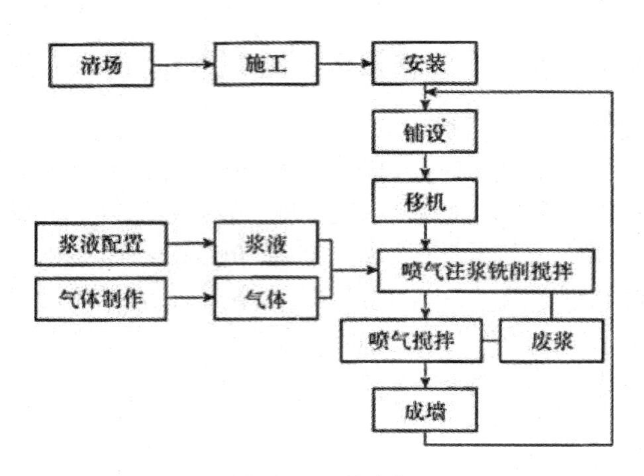

图3-6　工艺流程

（五）造墙方式

液压双轮铣槽机和传统深层搅拌的技术特点相结合起来，在掘进注浆、供气、铣、削和搅拌的过程中，四个铣轮相对相向旋转，铣削地层；同时迎过矩形方管施加向下的推进力向下掘进切削。在此过程中，通过供气、注浆系统同时向槽内分别注入高压气体、固化剂和添加剂（一般为水泥和膨润土），直至达到设备要求的深度。此后，四个铣轮作相反方向相向旋转，通过矩形方管慢慢提起铣轮，并通过供气、注浆管路系统再向槽内分别注入气体和固化液，并与槽内的基土相混合，从而形成由基土、固化剂、水、添加剂等形成的水泥土混合物的固化体，成为等厚水泥土连续墙。幅间连接为完全铣削结合，第二幅与第一幅搭接长度为20～30cm，接合面无冷缝。造墙方式如图3-7所示。

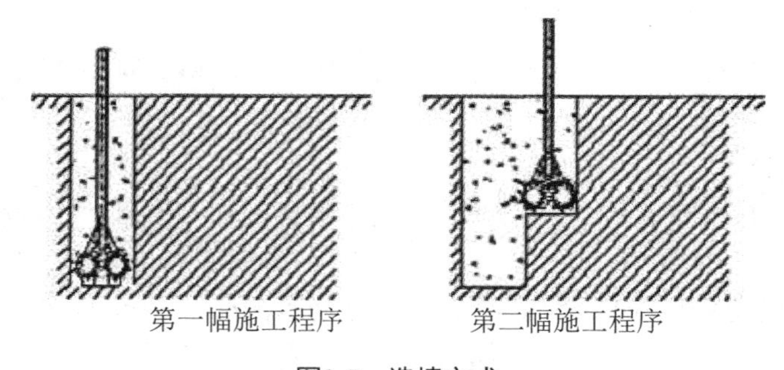

图3-7　造墙方式

（六）造墙

（1）铣头定位：根据不同的地质情况选用适合该地层的铣头，随后将双轮铣机的铣头定位于墙体中心线和每幅标线上。

（2）垂直的精度：对于矩形方管的垂直度，采用经纬仪作三支点桩架垂直度的初始零点校准，由支撑矩形方管的三支点辅机的垂直度来控制。从而有效地控制了槽形的垂直度。其墙体垂直度可控制在3‰以内。

（3）铣削深度：控制铣削深度为设计深度的±0.2m。

（4）铣削速度：开动双轮铣主机掘进搅扑，并徐徐下降铣头与基土接触，按设计要求注浆、供气。控制铣轮的旋转速度为22～26r/min，一般铣进控速为0.4～1.5m/min。根据地质情况可以适当调整掘进的速度和转速，以避免形成真空负压，孔壁坍陷，造成墙体空隙。在实际掘进过程中，由于地层35m以下土质较为复杂，需要进行多次上提和下沉掘进动作，满足设计进尺及注浆要求。搅拌时间—钻进、提升关系如图3-8所示。

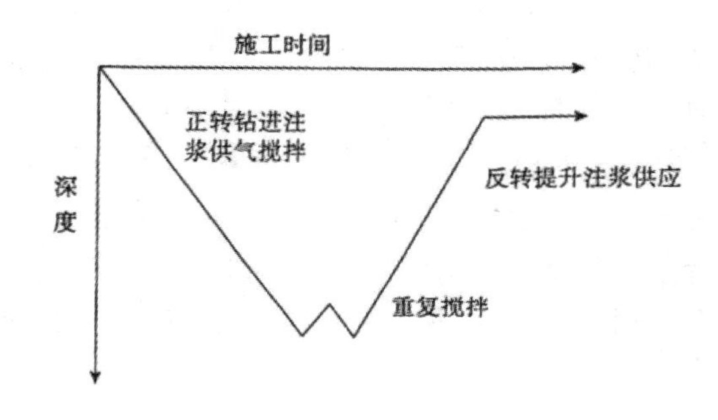

图3-8　搅拌时间—钻进、提升关系图

（5）注浆：制浆桶制备的浆液放入到储浆桶，经送浆泵和管道送入移动东尾部的储浆桶，再由注报泵经管路送至挖掘头。注浆量的大小由装在操作台的无级电机调速器和自动瞬时流速计及累计流量计监控；一般根据钻进尺速度与掘削量在100～350L/min内调整。在掘进过程中按设计要求进行一、二次注浆，注浆压力一般为2.0～3.0MPa。若中途出现堵管、断浆等现象，应立即停泵，查找原因进行修理，待故障排除后再掘进搅拌。当因故停机超过半小时时，应对泵体和输浆管路妥善清洗。

（6）供气：由装在移动牢尾部的空气压缩机制成的气体经管路压至钻头，其量大小由手动阀和气压表配给；全程气体不得间断；控制气体压力为0.3～0.7MPa。

（7）成墙厚度：为保证成墙厚度，应根据铣头刀片磨损情况定期测量刀片外径，当磨损达到1cm时必须对刀片进行修复。

（8）墙体均匀度：为确保墙体质量，应严格控制掘进过程中的注浆均匀性以及由气体升扬置换墙体混合物的沸腾状态。

（9）墙体连接：每幅间墙体的连接是地下连续墙施工最关键的一道工序，必须保证充分搭接。液压铣削施工工艺形成矩形槽段，在施工时严格控制墙（桩）位并做出标识，确保搭接在30cm左右，以达到墙体整体连续作业；严格与轴线平行移动，以确保墙体平面的平整（顺）度。

（10）水泥掺入比：水泥掺入量按20%控制，一般为下沉空搅部分占有效墙体部位总水泥量的70%左右。

（11）水灰比：下沉过程中水灰比一般控制在1.4～1.5；提升过程中水灰比为1。

（12）浆液配制：浆液不能发生离析，水泥浆液严格按预定配合比制作，用比重计或其他检测手法量测控制浆液的质量。为了防止浆液离析，放浆前必须搅拌30s再倒入存浆桶；浆液性能试验的内容为：比重、黏度、稳定性、初凝、终凝时间。凝固体的物理性能试验为：抗压、抗折强度。现场质检员对水泥浆液进行比重检验，监督浆液质量存放时间，水泥浆液随配随用，搅拌机和料斗中的水泥浆液应不断搅动。施工水泥浆液严格过滤，在灰浆搅拌机与集料斗之间设置过滤网。

（13）特殊情况处理：供浆必须连续。一旦中断，将铣削头掘进至停供点以下0.5m（因铣削能力远大于成墙体的强度），待恢复供浆时再提升1～2m复搅成墙。当因故停机超过30min，对泵体和输浆管路妥善清洗。遇地下构筑物时，采取高喷灌浆对构筑物周边及上下地层进行封闭处理。

（14）施工记录与要求：及时填写现场施工记录，每掘进1幅位记录一次在该时刻的浆液比重、下沉时间、供浆量、供气压力、垂直度及桩位偏差。

（15）出泥量的管理：当提升铣削刀具离基面时，将置存于储留沟中的水泥土混合物导回，以补充填墙料之不足。多余混合物待干硬后外运至指定地点堆放。

第三节　砂砾石地基处理

一、砂砾石地基灌浆

（一）砂砾石地基的可灌性

砂砾石地基的可灌性是指砂砾石地基能否接受灌浆材料灌入的一种特性。是决定灌浆效果的先决条件。其主要取决于地层的颗粒级配、灌浆材料的细度、灌浆压力和灌浆工艺等。

可灌比

$$M=\frac{D_{15}}{d_{85}} \tag{3-5}$$

式中：M——可灌比；

D_{15}——砂砾石地层颗粒级配曲线上含量为15%的粒径，mm；

d_{85}——灌浆材料颗粒级配曲线上含量为85%的粒径，mm。

可灌比M越大，接受颗粒灌浆材料的可灌性越好。一般时，可以灌注水泥黏土浆；当时，可以灌水泥浆。

（二）灌浆材料

多用水泥黏土浆液。一般水泥和黏土的比例为1∶1～1∶4，水和干料的比例为1∶1～1∶6。

（三）钻灌方法

砂砾石地基进行钻孔灌浆的方法有：①打管灌浆；②套管灌浆；③循环钻灌；④预埋花管灌浆等。

1．打管灌浆

打管灌浆就是将带有灌浆花管的厚壁无缝钢管，直接打入受灌地层中，并利用它进行灌浆。其程序是：先将钢管打入到设计深度，再用压力水将管内冲洗干净，然后用灌浆泵灌浆，或利用浆液自重进行自流灌浆。灌完一段以后，将钢管起拔一个灌浆段高度，再进行冲洗和灌浆，如此自下而上，拔一段灌一段，直到结束。

这种方法设备简单，操作方便，适用于砂砾石层较浅、结构松散、颗粒不大、容易打管和起拔的场合。用这种方法所灌成的帷幕，防渗性能较差，多用于临时性工程（如围堰）。

2．套管灌浆

套管灌浆的施工程序是一边钻孔，一边跟着下护壁套管。或者，一边打设护壁套管，一边冲掏管内的砂砾石，直到套管下到设计深度。然后将钻孔冲洗干净，下入灌浆管，起拔套管到第一灌浆段顶部，安好止浆塞，对第一段进行灌浆。如此自下而上，逐段提升灌浆管和套管，逐段灌浆，直到结束。

采用这种方法灌浆，由于有套管护壁，不会产生第二段灌浆坍孔埋钻等事故。但是，在灌浆过程中，浆液容易沿着套管外壁向上流动，甚至产生地表冒浆。如果灌浆时间较长，则又会胶结套管，造成起拔的困难。

3．循环钻灌

循环钻灌是一种自上而下，钻一段灌一段，钻孔与灌浆循环进行的施工方法。钻孔时用黏土浆或最稀一级水泥黏土浆固壁。钻孔长度，也就是灌浆段的长度，视孔壁稳定和砂砾石层渗漏程度而定，容易坍孔和渗漏严重的地层，分段短一些，反之则长一些，一般为1～2m。灌浆时可利用钻杆作灌浆管。

用这种方法灌浆，做好孔口封闭，是防止地面抬动和地表冒浆提高灌浆质量的有效措施。

4．预埋花管灌浆

预埋花管灌浆的施工程序：

（1）用回转式钻机或冲击钻钻孔，跟着下护壁套管，一次直达孔的全深；

（2）钻孔结束后，立即进行清孔，清除孔壁残留的石渣；

（3）在套管内安设花管，花管的直径一般为73～108mm，沿管长每隔33～50cm钻一排3～4个射浆孔，孔径1cm，射浆孔外面用橡皮箍紧。花管底部要封闭严密牢固，按设花管要垂直对中，不能偏在套管的一侧。

（4）在花管与套管之间灌注填料，边下填料边起拔套管，连续灌注，直到全孔填满套管拔出为止。

（5）填料待凝10d左右，达到一定强度，严密牢固地将花管与孔壁之间的环形圈封闭起来。

（6）在花管中下入双栓灌浆塞，灌浆塞的出浆孔要对准花管上准备灌浆的射浆孔。然后用清水或稀浆逐渐升压，压开花管上的橡皮圈，压穿填料，形成通路，为浆液进入砂砾石层创造条件，称为开环。开环以后，继续用稀浆或清水灌注5～10min，再开始灌浆。每排射浆孔就是一个灌浆段。灌完一段，移动双栓灌浆塞，使其出浆孔对准另一排射浆孔，进行另一灌浆段的开环灌浆。由于双栓灌浆塞的构造特点，可以在任一灌浆段进行开环灌浆，必要时还可以进行复灌，比较机动灵活。

用预埋花管法灌浆，由于有填料阻止浆液沿孔壁和管壁上升，很少发生冒浆、串浆现象，灌浆压力可相对提高，灌浆比较机动，可以重复灌浆，对灌浆质量较有保证。国内外比较重要的砂砾石层灌浆，多采用这种方法，其缺点是花管被填料胶结以后，不能起拔，耗用管材较多。

二、水泥土搅拌桩

近几年，在处理淤泥、淤泥质土、粉土、粉质黏土等软弱地基时，经常采用深层搅拌桩进行复合地基加固处理。深层搅拌是利用水泥类浆液与原土通过叶片强制搅拌形成墙体的技术。

1. 技术特点

多头小直径深层搅拌桩机的问世，使防渗墙的施工厚度变为8～45cm，在江苏、湖北、江西、山东、福建等省广泛应用并已取得很好的社会效益。该技术使各幅钻孔搭接形成墙体，使排柱式水泥土地下墙的连续性、均匀性都有大幅度的提高。从现场检测结果看：墙体搭接均匀、连续整齐、美观、墙体垂直偏差小，满足搭接要求。该工法适用于黏土、粉质黏土、淤泥质土以及密实度中等以下的砂层，且施工进度和质量不受地下水位的影响。从浆液搅拌混合后形成“复合土”的物理性质分析，这种复合土属于“柔性”物质，从防渗墙的开挖过程中还可以看到，防渗墙与原地雄土无明显的分界面，即“复合土”与周边土胶结良好。因而，目前防洪堤的垂直防渗处理，在墙身不大于18m的条件下优先选用深层搅拌桩水泥土防渗墙。

2. 防渗性能

防渗墙的功能是截渗或增加渗径，防止堤身和堤基的渗透破坏。影响水泥搅拌桩渗透性的因素主要有，流体本身的性质、水泥搅拌土的密度、封闭气泡和孔隙的大小及分布。因此，从施工工艺上看，防渗墙的完整性和连续性是关键，当墙厚不小于20cm时，成墙28d后渗透系数$K < 10^{-6}$cm/s，抗压强度$R > 0.5$MPa。

3．**复合地基**

当水泥土搅拌桩用来加固地基，形成复合地基用以提高地基承载力时，应符合以下规定：

（1）竖向承载搅拌桩的长度应根据上部结构对承载力和变形的要求确定，并应穿透软弱土层到达承载力相对较高的土层；设置的搅拌桩同时为提高抗滑稳定性时，其桩长应超过危险滑弧2.0m以上。干法的加固深度不宜大于15m；湿法及型钢水泥土搅拌墙（桩）的加固深度应考虑机械性能的限制。单头、双头加固深度不宜大于20m，多头及型钢水泥土搅拌墙（桩）的深度不宜超过35m。

（2）竖向承载力水泥土搅拌桩复合地基的承载力特征值应通过现场单桩或多桩复合地基荷载试验确定。初步设计时也可按《建筑地基处理技术规范》（JGJ 79—2012）的相关公式进行估算。

（3）竖向承载搅拌桩复合地基中的桩长超过10m时，可采用变掺量设计。在全桩水泥总掺量不变的前提下，桩身上部1/3桩长范围内可适当增加水泥掺量及搅拌次数；桩身下部1/3桩长范围内可适当减少水泥掺量。

（4）竖向承载搅拌桩的平面布置可根据上部结构特点及对地基承载力和变形的要求，采用柱状、壁状、格栅状或块状等加固形式。桩可只在刚性基础平面范围内布置，独立基础下的桩数不宜少于3根。柔性基础应通过验算在基础内、外布桩。柱状加固可采用正方形、等边三角形等布桩形式。

三、高压喷射灌浆

高压喷射灌浆于1968年首创于日本，将高压水射流技术应用于软弱地层的灌浆处理，成为一种新的地基处理方法——高压喷射灌浆法。是利用钻机造孔，然后将带有特制合金喷嘴的灌浆管下到地层预定位置，以高压把浆液或水、气高速喷射到周围地层，对地层介质产生冲切、搅拌和挤压等作用，同时被浆液置换、充填和混合，待浆液凝固后，就在地层中形成一定形状的凝结体。20世纪70年代初我国铁路及冶金系统引进，水利系统于1980年首先将此技术用于山东省白浪河水库土石坝中。目前，已在水利系统广泛采用。该技术既可用于低水头土坝坝基防渗，也可用于松散地层的防渗堵漏、截潜流和临时性围堰等工程，还可进行混凝土防渗墙断裂以及漏洞、隐患的修补。

高压喷射灌浆是利用旋喷机具造成旋喷桩以提高地基的承载能力，也可以作联锁桩施工或定向喷射成连续墙用于防渗。可适用于砂土、黏性土、淤泥等地基的加固，对砂卵石（最大粒径小于20cm）的防渗也有较好的效果。

通过各孔凝结体的连接，形成板式或墙式的结构，不仅可以提高基础的承载力，而且成为一种有效的防渗体。由于高压喷射灌浆具有对地层条件适用性广、浆液可控性好、施工简单等优点，近年来在国内外都得到了广泛应用。

（一）技术特点

高压喷射灌浆防渗加固技术适用于软弱土层，包括第四纪冲积层、洪积层、残积层以及人工填土等。实践证明，对砂类土、黏性土、黄土和淤泥等土层，效果较好。对粒径过大和含量过多的砾卵石以及有大量纤维质的腐殖土地层，一般应通过现场试验确定施工方法，对含有粒径2～20cm的砂砾石地层，在强力的升扬置换作用下，仍可实现浆液包裹作用。

高压喷射灌浆不仅在黏性土层、砂层中可用，在砂砾卵石层中也可用。经过多年的研究和工程试验证明，只要控制措施和工艺参数选择得当，在各种松散地层均可采用，以烟台市夹河地下水库工程为例，采用高喷灌浆技术的半圆相向对喷和双排摆喷菱形结构的新的施工方案，成功地在夹河卵砾石层中构筑了地下水库截渗坝工程。

该技术可灌性、对控性好，接头连接可靠，平面布置灵活，适应地层广，深度较大，对施工场地要求不高等特点。

（二）高压喷射灌浆作用

高压喷射灌浆的浆液以水泥浆为主，其压力一般在10～30MPa，它对地层的作用和机制有如下几个方面：

（1）冲切掺搅作用。高压喷射流通过对原地层介质的冲击、切割和强烈扰动，使浆液扩散充填地层，并与土石颗粒掺混搅和，硬化后形成凝结体，从而改变原地层结构和组分，达到防渗加固的目的。

（2）升扬置换作用。随高压喷射流喷出的压缩空气，不仅对射流的能量有维持作用，而且造成孔内空气扬水的效果，使冲击切割下来的地层细颗粒和碎屑升扬至孔口，空余部分由浆液代替，起到了置换作用。

（3）挤压渗透作用。高压喷射流的强度随射流距离的增加而衰减，至末端虽不能冲切地层，但对地层仍能产生挤压作用；同时，喷射后的静压浆液对地层还产生渗透凝结层，有利于进一步提高抗渗性能。

（4）位移握裹作用。对于地层中的小块石，由于喷射能量大，以及升扬置换作用，浆液可填满块石四周空隙，并将其握裹；对大块石或块石集中区，如降低提升速度，提高喷射能量，可以使块石产生位移，浆液便能深入到空（孔）隙中去。

总之，在高压喷射、挤压、余压渗透以及浆气升串的综合作用下，产生握裹凝结作用，从而形成连续和密实的凝结体。

（三）防渗性能

在高压喷射流的作用下切割土层，被切割下来的土体与浆液搅拌混合，进而固结，形成防渗板墙。不同地层及施工方式形成的防渗体结构体的渗透系数稍有差别，一般说来其渗透系数小于10^{-7}cm/s。

（四）高压喷射凝结体

1．凝结体的形式

凝结体的形式与高压喷射方式有关。常见有以下三种：

（1）喷嘴喷射时，边旋转边垂直提升，简称旋喷，可形成圆柱形凝结体；

（2）喷嘴的喷射方向固定，则称定喷，可形成板状凝结体；

（3）喷嘴喷射时，边提升边摆动，简称摆喷，形成哑铃状或扇形凝结体。高压喷射灌浆的三种方式如图3-9所示。

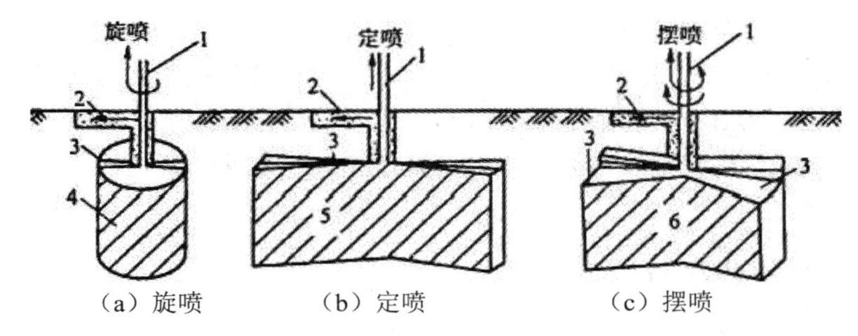

图3-9　高压喷射灌浆方式

1．喷射注浆管；2．冒浆；3．射流；4．旋转成桩；5．定喷成桩；6．摆喷成桩

为了保证高压喷射防渗板（墙）的连续性与完整性，必须使各单孔凝结体在其有效范围内相互可靠连接，这与设计的结构布置形式及孔距有很大关系。

2．高压喷射灌浆的施工方法

目前，高压喷射灌浆的基本方法有单管法、二管法、三管法及多管法等几种，它们各有特点，应根据工程要求和地层条件选用（见表3-6）。

表3-6　各种旋喷方法及使用的机具

喷射方法	喷射情况	主要施工机具	成桩直径
单管法	喷射水泥浆或化学浆液	高压泥浆泵，钻机，单旋喷管	0.3～0.8m
二重管法	高压水泥浆（或化学浆液）与压缩空气同轴喷射	高压泥浆泵，钻机，空压机，二重旋喷管	介于单管法和三重管法之间
三重管法	高压水、压缩空气和水泥浆液（或化学浆液）同轴喷射	高压水泵，钻机，空压机，泥浆泵，三重旋喷管	1.0～2.0m

（1）单管法。采用高压灌浆泵以大于2.0MPa的高压将浆液从喷嘴喷出，冲击、切割周围地层，并产生搅和、充填作用，硬化后形成凝结体。该方法施工简易，但有效范围小。

（2）二重管法。有两个管道，分别将浆液和压缩空气直接射入地层，浆压达45～

50MPa，气压1～1.5MPa。由于射浆具有足够的射流强度和比能，易于将地层加压密实。这种方法工效高，效果好，尤其适合处理地下水丰富、含大粒径块石及孔隙率大的地层。

（3）三管法。用水管、气管和浆管组成喷射杆，水、气的喷嘴在上，浆液的喷嘴在下。随着喷射杆的旋转和提升，先有高压水和气的射流冲击扰动地层，再以低压注入浓浆进行掺混搅拌。参数为：水压38～40MPa，气压0.6～0.8MPa，浆压0.3～0.5MPa。

如果将浆液也改为高压（浆压达20～30MPa）喷射，浆液可对地层进行二次切割、充填，其作用范围就更大。这种方法称为新三管法。

（4）多管法。其喷管包含输送水、气、浆管、泥浆排出管和探头导向管。采用超高压水射流（40MPa）切削地层，所形成的泥浆由管道排出，用探头测出地层中形成的空间，最后由浆液、砂浆、砾石等置换充填。多管法可在地层中形成直径较大的柱状凝结体。

（五）施工程序与工艺

高压喷射灌浆的施工程序主要有造孔、下喷射管、喷射提升（旋转或摆动）、最后成桩或墙。

1．造孔

在软弱透水的地层进行造孔，应采用泥浆固壁或跟管（套管法）的方法确保成孔。造孔机具有回转式钻机、冲击式钻机等。目前用得较多的是立轴式液压回转钻机。

为保证钻孔质量，孔位偏差应不大于1～2cm，孔斜率小于1%。

2．下喷射管

用泥浆固壁的钻孔，可以将喷射管直接下入孔内，直到孔底。用跟管钻进的孔，可在拔管前向套管内注入密度大的塑性泥浆，边拔边注，并保持液面与孔口齐平，直至套管拔出，再将喷射管下到孔底。

将喷嘴对准设计的喷射方向，不偏斜，是确保喷射灌浆成墙的关键。

3．喷射灌浆

根据设计的喷射方法与技术要求，将水、气、浆送入喷射管，喷射1～3min待注入的浆液冒出后，按预定的速度自上而下边喷射边转动、摆动，逐渐提升到设计高度。

进行高压喷射灌浆的设备由造孔、供水、供气、供浆和喷灌五大系统组成。

喷射法施工的参数见表3-7。

表3-7　旋喷法施工的主要技术参数

旋喷方法	喷嘴		钻机（慢挡）		高压泵		空压机		泥浆泵	
	孔径/mm	数目/个	旋转速度/(r·min^{-1})	提升速度/(cm·min^{-1})	压力/MPa	流量/(L·min^{-1})	压力/MPa	流量/(m·min^{-1})	压力/MPa	流量/(L·min^{-1})
单管法	2.0～3.0	2	20	20～25	20～40	浆液60～120				
二重管法	2.0～3.0	1或2	10左右	10左右	20～40	浆液60～120	0.7	1～3		
三重管法	2.0～3.0	1或2	5～15	5～15	5～15	水60～120	0.7	1～3	3～5	100～150

4．施工要点

（1）管路、旋转活接头和喷嘴必须拧紧，达到安全密封；高水泥浆液、高压水和压缩空气各管路系统均应不堵不漏不串。设备系统安装后，必须经过运行试验，试验压力达到工作压力的1.5～2.0倍。

（2）旋喷管进入预定深度后，应先进行试喷，待达到预定压力、流量后，再提升旋喷。中途发生故障，应立即停止提升和旋喷，以防止桩体中断。同时进行检查，排除故障。若发现浆液喷射不足，影响桩体质量时，应进行复喷。施工中应做好详细的记录。旋喷水泥浆应严格过滤，防止水泥结块和杂物堵塞喷嘴及管路。

（3）旋喷结束后要进行压力注浆，以补填桩柱凝结收缩后产生的顶部空穴。每次施工完毕后，必须立即用清水冲洗旋喷机具和管路，检查磨损情况，如有损坏的零部件应及时更换。

（六）旋喷桩的质量检查

旋喷桩的质量检查通常采取钻孔取样、贯入试验、荷载试验或开挖检查等方法。对于防渗的联锁桩、定喷桩，应进行渗透试验。

第四章 水利工程土石方工程

第一节 土石分级

在水利工程施工中，根据开挖的难易程度，将土分为4级，岩石分为12级。

一、土的分级

土的分级从开挖方法上，用铁锹或略加脚踩开挖的为Ⅰ级；用铁锹，且需用脚踩开挖的为Ⅱ级；用镐、三齿耙开挖或用铁锹需用力加脚踩开挖的为Ⅲ级；用镐、三齿耙等开挖的为Ⅳ级。

表4-1 土的分级表

土的等级	土的名称	自然湿密/（kg・m^{-3}）	外观及其组成特性	开挖工具
Ⅰ	沙土、种植土	1650～1750	疏松、黏着力差	用铁锹或略加脚踩开挖
Ⅱ	壤土、淤泥、含根种植土	1750～1850	开挖时能成块，并易打碎	用铁锹且需用脚踩开挖
Ⅲ	黏土、干燥黄土、干淤泥、含少位砾石的黏土	1800～1950	黏手、看不见砂粒或干硬	用镐、三齿耙开挖或用铁锹，需用力加脚踩开挖
Ⅳ	坚硬黏土、砾质黏土、含卵石黏土	1900～2100	结构坚硬，分裂后呈块状，或含黏粒、砾石较多	用镐、三齿耙等工具开挖

土的工程性质对土方工程的施工方法及工程进度影响很大。主要的工程性质有：密度、含水量、渗透性、可松性等。土的可松性是指自然状态的土挖掘后变松散的性质。土方中有自然方、松散方、压实方等计量方法，换算关系见表4-2。

表4-2 土石方的松实系数

项目	自然方	松方	实方	项目	自然方	松方	实方
土方	1	1.33	0.85	砂	1	1.07	0.94
石方	1	1.53	1.31	混合料	1	1.19	0.88

二、岩石的分级

根据岩石坚固系数的大小，对岩石进行分级。前10级（Ⅴ～ⅩⅣ）的坚固系数在1.5～2，除Ⅴ级的坚固系数在1.5～2外，其余以2为级差；坚固系数在20～25，为ⅩⅤ级；坚固系数在25以上，为ⅩⅥ级。岩石分级见表4-3。

表4-3 岩石的分级

岩石级别	岩石名称	天然湿度下平均容重/（kg·m^{-3}）	凿岩机钻孔/（min·m^{-1}）	极限抗压强度R/MPa	坚固系数f
Ⅴ	硅藻土及软多白垩岩 硬的石炭岩 胶结不严密的砂岩 各种不坚实的页岩	1550 1950 1900～2200 2000		20以下	1.5～2.0
Ⅵ	软的有孔隙的节理多的石灰岩及贝壳石灰岩 密实的白垩岩 中等坚实的页岩 中等结实的泥灰岩	1200 2600 2700 2300		20～40	2.0～4.0
Ⅶ	水灰岩、卵石经石灰质胶结而成的砾岩 风化的、节理多的黏土质砂岩 坚硬的泥质页岩 坚实的泥灰岩	2200 2200 2300 2500		40～60	4.0～6.0
Ⅷ	1．角砾状花岗岩 2．泥灰质石灰岩 3．黏土质砂岩 4．云母页岩及砂质页岩 5．硬石膏	2300 2300 2200 2300 2900	6.8 （5.7～7.7）	60～80	6.0～8.0

续表

岩石级别	岩石名称	天然湿度下平均容重/（kg·m^{-3}）	凿岩机钻孔/（min·m^{-1}）	极限抗压强度R/MPa	坚固系数f
IX	1．软的风化较甚的花岗岩、片麻岩及正长岩 2．滑石质的蛇纹岩 3．密实的石灰 4．水成岩、卵石经硅质胶结的沙烁岩 5．砂岩 6．砂质、石灰质的页岩	2500 2400 2500 2500 2500 2500	8.5（7.8～9.2）	80～100	8.0～10.0
X	1．白云石 2．坚实的石灰岩 3．大理石 4．石灰质胶结的质密的砂砾岩 5．坚硬的砂质页岩	2700 2700 2700 2600 2600	10（9.3～10.8）	100～120	10～12
XI	1．粗粒花岗治 2．特别坚实的白云岩 3．蛇纹岩 4．火成岩、卵石经石灰质胶结的砾岩 5．石灰质胶结的坚实的砂岩 6．粗粒正长岩	2800 2900 2600 2800 2700 2700	11.2（10.9～11.5）	120～140	12～14
XII	1．有风化痕迹的安山岩及玄武岩 2．片麻岩、粗面岩 3．特别坚硬的石灰岩 4．火成岩、卵石经硅质胶结的砾岩	2700 2600 2900 2900	12.2（11.6～13.3）	140～160	14～16
XIII	1．中粗花岗岩 2．坚实的片麻岩 3．辉绿岩 4．玢岩 5．坚硬的粗面岩 6．中粒正长岩	3100 2800 2700 2500 2800 2800	14.1（13.4～14.8）	160～180	16～18

续表

岩石级别	岩石名称	天然湿度下平均容重/（kg·m^{-3}）	凿岩机钻孔/（min·m^{-1}）	极限抗压强度R/MPa	坚固系数f
XⅣ	1．特别坚硬的粗粒花岗岩 2．花岗片麻岩 3．闪长岩 4．最坚实的石灰 5．坚实的玢岩	3300 2900 2900 3100 2700	15.6（14.9～18.2）	180～200	18～20
XⅤ	1．安山岩、玄武岩、坚实的角闪岩 2．最坚实的辉绿岩及闪长岩 3．坚实的辉长岩及石英岩	3100 2900 2800	20（18.3～24）	200～250	20～25
XⅥ	1．钙钠长玄武岩和橄榄玄武岩 2．特别坚实的辉长岩、橄榄岩、石英及玢岩	3300 3000	24以上	250以上	25以上

第二节　石方开挖程序和方式

一、石方开挖程序

（一）选择开挖程序的原则

从整个枢纽工程施工的角度考虑，选择合理的开挖程序，对加快工程进度具有重要作用。选择开挖程序时，应综合考虑以下原则：

（1）根据地形条件、枢纽建筑物布置、导流方式和施工条件等具体情况合理安排；

（2）把保证工程质量和施工安全作为安排开挖程序的前提。尽量避免在同一垂直空间同时进行双层或多层作业；

（3）按照施工导流、截流、拦洪度汛、蓄水发电以及施工期通航等项工程进度要求，分期、分阶段地安排好开挖程序，并注意开挖施工的连续性和考虑后续工程的施工要求；

（4）对受洪水威胁和与导、截流有关的部位，应先安排开挖；对不适宜在雨、雪天或高温、严寒季节开挖的部位，应尽量避开这种气候条件安排施工；

（5）对不良地质地段或不稳岩体岸（边）坡的开挖，必须充分重视，做到开挖程序合理、措施得当、保障施工安全。

（二）开挖程序及其适用条件

水利水电工程的基础石方开挖，一般包括岸坡和基坑的开挖。岸坡开挖一般不受季节限制；而基坑开挖则多在围堰的防护下施工，它是主体工程控制性的第一道工序。对于溢洪道或渠道等工程的开挖，如无特殊的要求，则可按渠首、闸室、渠身段、尾水消能段或边坡、底板等部位的石方做分项分段安排，并考虑其开挖程序的合理性。设计时，可结合工程本身特点，参照表4-9选择开挖程序。

表4-9　石方开挖程序及其适用条件

开挖程序	安排步骤	适用条件
自上而下开挖	先开挖岸坡，后开挖基坑；或先开挖边坡后开挖底板	用于施工场地窄小、开挖量大且集中的部位
自下而上开挖	先开挖下部，后开挖上部	用于施工场地较大、岸坡（边坡）较低缓或岩石条件许可，并布可靠技术措施
上下结合开挖	岸坡与基坑或边坡与底板上下结合开挖	用于有较宽阔的施工场地和可以避开施工干扰的工程部位
分期或分段开挖	按照施工时段或开挖部位、高程等进行安排	用于分期导流的基坑开挖或有临时过水要求的工程项目

二、开挖方式

（一）基本要求

在开挖程序确定之后，根据岩石条件、开挖尺寸、工程量和施工技术要求，通过方案比较拟定合理的开挖方式。其基本要求是：保证开挖质量和施工安全；

符合施工工期和开挖强度的要求；有利于维护岩体完整和边坡稳定性；可以充分发挥施工机械的生产能力；辅助工程量小。

（二）各种开挖方式的适用条件

按照破碎岩石的方法，主要有钻爆开挖和直接应用机械开挖两种施工方法。20世纪80年代初，国内外出现一种用膨胀剂作破碎岩石材料的“静态破碎法”。

1．钻爆开挖

钻爆开挖是当前广泛采用的开挖施工方法。开挖方式有挪层开挖、分层开挖（梯段开挖）、全断面一次开挖和特高梯段开挖等。其适用条件及优缺点见表4-10。

表4-10　钻爆法开挖适用条件及其优缺点

开挖方式	特点	适用条件	优缺点
薄层开挖	爆破规模小	一般开挖深度<4m	1．风、水、电和施工道路布置简单； 2．钻爆灵活，不受地形条件限制； 3．生产能力低
分层开挖	按层作业	一般层厚>4m，是大方量石方开挖常用的方式	1．几个工作面可以同时作业，生产能力高； 2．在每一分层上都需布置风、水、电和出渣进路
全断面开挖	开挖断面一次成型	用于特定条件下	1．单一作业，集中钻爆施工干扰小； 2．钻爆作业占用时间长
特高梯段开挖	梯段高20m以上	用于高陡岸坡开挖	1．一次开挖量大，生产能力高； 2．集中出渣，辅助工程量小； 3．需要相应的配套机械设备

2．直接用机械开挖

使用带有松土器的重型推土机破碎岩石，一次破碎0.6～1.0m，该法适用于施工场地宽阔、大方量的软岩石方工程。优点是没有钻爆作业不需要风、水、电辅助设施，不但简化了布置，而且施工进度快，生产能力高。但不适宜破碎坚硬岩石。

静态破碎法。在炮孔内装入破碎剂，利用药剂自身的膨胀力，缓慢地作用于孔壁，经过数小时达到300～500kgf/cm^{2}的压力，使介质开裂。该法适用于在设备附近、高压线下，以及开挖与浇筑过渡段等特定条件下的开挖与岩石切割或拆除建筑物。优点是安全可靠，没有爆破所产生的公害；缺点是破碎效率低，开裂时间长。对于大型的或复杂的工程，使用破碎剂时，还要考虑使用机械挖除等联合作业手段，或与控制爆破配合，才能提高效率。破碎剂与炸药的比较见表4-11。

表4-11　破碎剂与炸药比较

破碎材料	炸药	破碎剂
破碎原理	气体膨胀	固体膨胀
反应时间/s	10^{-5}～10^{-6}	10^{-4}～10^{-5}
压力/（kgf·cm^{-2}）	10^4～10^5以上	300～500
温度/℃	2000～4000	50～80
破碎特点	高压、瞬时	低压、缓加载
对环境影响	有振动、噪声、飞石和有毒气体	无公害

注：1kgf/cm^2=9.8×10^4Pa。

三、坝基开挖

（一）坝基开挖程序

坝基开挖程序的选择与坝型、枢纽布置、地形地质条件、开挖量以及导流方式等因素有关。其中导流程序与导流方式是主要因素，常用开挖程序见表4-12。

表4-12 坝基开挖常用程序

选择因素			常用开挖程序	施工条件	开挖步骤
坝型	一般地形条件	常用导流方式			
拱坝或重力坝	河床狭窄，两岸边坡陡峻	全段围堰法、随洞导流	自上而下，先开挖两岸边坡后开挖基坑	1．开挖施工布置简单； 2．基坑开挖基本可全年施工	1．在导流洞施工时，同时开挖常水位以上边坡； 2．河床截流后，开挖常水位以下两岸边坡、浮渣和基坑覆盖层； 3．从上游至下游进行驻坑开挖
低坝或闸坝	河床开阔、两岸平坦（多属平原地区河流）	全段围堰法、明渠导流或分段围堰法导流	上下结合开挖或自上而下开挖	1．开挖施工布置简单； 2．基坑开挖基本可全年施工	1．先开挖明渠； 2．截流后开挖基坑或基坑与岸坡上下结合开挖
重力坝	河床宽阔、两岸边坡比较平缓	分段围堰、大坝底孔和梳齿导流	上下结合开挖	1．开挖施工布置较复杂； 2．由导流程序决定开挖施工分期	1．先开挖围堰段一侧边坡； 2．开挖导流段基坑和另一岸边坡； 3．导流段完建、截流后，开挖另一侧驻坑

（二）坝基开挖方式

开挖程序确定以后，开挖方式的选择主要取决于总开挖深度、具体开挖部位、开挖量、技术要求，以及机械化施工因素等。

薄层开挖。岩基开挖深度小于4m，采用浅孔爆破。开挖方式有劈坡开挖、大面积群孔爆破开挖、先掏槽后扩大开挖等，见表4-13。

表4-13　坝基薄层开挖方式选择

类别	适用条件	施工要点
劈坡开挖	开挖深度小，坡度陡的岸坡	自上而下每次钻爆深度3～4m，一般情况由人工翻渣至坡脚处，然后挖除
大面积群孔爆破开挖	开挖深度小于2～3m的基坑；手风钻钻孔，小型机械或人工半机械化施工	钻孔深度2m左右，一次孔数400～600孔，爆破面积500m^2左右；推土机集渣，由一端或两端出渣
先掏槽后扩大开挖	开挖深度小于4m的基坑；应用中小型机械施工	一次钻孔深度3m左右，以掏槽爆破创造临空面和打通出渣道，由一端或两端出渣

分层开挖。开挖深度大于4m时，一般采用分层开挖。开挖方式有自上而下逐层爆破开挖、台阶式分层爆破开挖、竖向分段爆破开挖、深孔与洞室组合爆破开挖以及洞室爆破开挖等。其适用条件及施工要点见表4-14。

表4-14　坝基分层开挖方式选择

类别	适用条件	施工要点
自上而下逐层爆破开挖	开挖深度大于4m的基坑；沿要有专用深孔钻机和大斗容、大吨位的出渣机械	先在中间开挖先锋槽（槽宽应大于或等于机械回转半径），然后向两侧扩大开挖
台阶式分层开挖	挖方量大、边坡较缓的岸坡；开挖断面满足大型施工机械联合作业的空间要求	在坡顶平整场地和在边坡上沿每层开辟施工道路；上下多层同时作业时，应错开和进行必要的防护
竖向分段爆破开挖	边坡较高、较陡的岸坡	由边坡表面向里，竖向分段钻爆；爆破后的石渣翻至坡脚处，集中出渣
深孔与洞室组合爆破、开挖	分层高度大于钻机正常钻孔深度的岸坡	梯段上部布置深孔，梯段下部布置药室
洞室爆破开挖	平整施工场地和开辟施工道路，为机械施工创造条件	开挖导洞，在洞内开凿洞室

全断面开挖和高梯段开挖。梯段高度一般大于20m，主要特点是通过钻爆使开挖面一次成型。

（三）坝基保护层开挖

水平建基面高程的偏差不应大于±20cm。设计边坡轮廓面的开挖偏差，在一次钻孔深度开挖时，不应大于其开挖高度的±2%；在分台阶开挖时，其最下部一个台阶坡脚位置的偏差，以及整体边坡的平均坡度，均符合设计要求，此外还应注意不使水平建基面产生大量爆破裂隙，以及使节理裂隙面、层面等弱面明显恶化，并损害岩体的完整性。

在岩基开挖中为了达到设计的开挖面，而又不破坏周边岩层结构，如河床坝基、两岸坝岸、发电厂基础、廊道等工程连接岩基部分的岩石开挖，根据规范要求及常规做法都要留有一定的保护层，紧邻水平建基面的保护层厚度，应由爆破实验确定，若无条件进行试验时，才可以采用工程类比法确定，一般不小于1.5m，并参考表4-15选定。

表4-15 保护层厚度与岩石类别、药卷直径d的关系

岩石类别	岩石抗压强度	保护层厚度
软弱岩石	$\sigma_{压}$<29.4MPa	40d
中等坚硬岩石	$\sigma_{压}$<29.4～58.8MPa	30d
坚硬岩石	$\sigma_{压}$>58.8MPa	25d

对岩体保护层进行分层爆破，必须遵循下述规定：

第一层炮孔不得穿入距水平建基面1.5m的范围；炮孔装药直径不应大于40mm；应采用梯段爆破的方法。

第二层对节理裂隙不发育、较发育、发育和坚硬的岩体炮孔不得穿入距水平建基面0～5m的范围；对节理裂隙极发育和软弱的岩体，炮孔不得穿入距水平建基面0.7m的范围。炮孔与水平面的夹角不应大于60°，炮孔装药直径不应大于32mm，采用单孔起爆方法。

第三层对节理裂隙不发育、较发育、发育和坚硬的岩体炮孔不得穿入距水平建基面0.2m的范围；剩余0.2m厚的岩体应进行撬挖。炮孔角度、装药直径和起爆方法，同第二层的要求。

必须在通过实验证明可行并经主管部门批准后，才可在紧邻水平建基面采用有或无岩体保护层的一次爆破法。

无保护层的一次爆破法应符合下述原则：水平建基面开挖，应采用预裂爆破方法；越过岩石开挖，应采用梯段爆破方法；梯段爆破孔孔底与预裂爆破面应有一定的距离。

四、溢洪道和渠道的开挖

（一）开挖程序

溢洪道、渠道的常用过水断面一般为梯形或矩形。选择开挖程序应考虑现场地形与施工道路等条件，结合混凝土衬砌的安排以及拟采用的施工方法等，其开挖程序选择见表4-16。

表4-16　溢洪道、渠道开挖程序

主要因素	开挖程序	适用工程类型
考虑临时泄洪的需要安排开挖程序	分期开挖，每一期根据需要开挖到一定高程	溢洪道
根据现场的地形、道路等施工条件和挖方利用情况安排开挖程序	可分期、分段开挖	溢洪道
结合混凝土衬砌边坡和浇筑底板的顺序安排开挖程序	先开挖两岸边坡、后开挖底板或上下结合开挖	溢洪道
按照构筑物的分类安排开挖程序	先开挖闸室或渠首，后开挖消能段或渠尾部分	溢洪道、渠道
根据采用人工或机械等不同施工方法划分开挖段	分段开挖	渠道

设计开挖程序须注意以下问题：应在两侧边坡顶部修建排水天沟，减少雨水冲刷。施工中要保持工作面平整，并沿上下游方向贯通以利排水和出渣；根据开挖断面的宽窄、长度和挖方量的大小，一般应同时对称开挖两侧边坡，并随时修整，保持稳定；对窄而深的渠道，爆破受两侧岩壁的约束力大，爆破效果一般较差，应结合钻爆设计安排合理的开挖程序；渠身段可采用大爆破施工方法，但要注意控制渠首附近的最大起爆药量，防止破坏山岩而造成渗漏。

（二）开挖方式

溢洪道、渠道一般爆破开挖方式，常用开挖方式参见表4-17。

表4-17　溢洪道、渠道开挖方式

开挖方式	适用条件	施工要点
深孔分段爆破	为常规开挖施工方法，应用广泛	先中间挖槽贯通上下游，然后向两侧扩大开挖，由一端或两端同时向中间推进
扬弃爆破	用于揭露地表覆盖层或开挖渠身段	先沿轴线方向开挖平导洞，然后向两侧开挖药室、爆破后的石渣可大部分抛至开挖断面以外
小型洞室爆破	在缺少专用钻机的条件下采用	沿轴线方向布置多排竖井药室，靠近两侧边坡处布置蛇穴药室
分层分块钻爆	用于人工半机械或中小型机械施工	根据施工机械化程度确定分层厚度和分块尺寸
楔形掏槽爆破	用于开挖深度小于6m的浅窄渠道	沿轴线方向进行掏槽爆破、两侧边坡钻预裂孔、底板预留保护层
定向爆破	用于浅渠开挖	爆破的石渣按预定的一侧或两侧抛至断面以外，通过爆破使渠道成型
直接用机械开挖	用于软岩开挖	利用带有松土器的重型推土机分层破碎，每层破碎深度0.5～1.0m

五、边坡开挖

在边坡稳定分析的基础上，判明影响边坡稳定的主导因素，对边坡变形破坏形式和原因作出正确的判断，并且制订可行的开挖措施，以免因工程施工影响和恶化边坡的稳定性。

（一）开挖控制措施

尽量改善边坡的稳定性。拦截地表水和排除地下水，防止边坡稳定恶化。可在边坡变形区以外5m开挖截水天沟和变形区以内开挖排水沟，拦截和排除地表水。同时可采用喷浆、勾缝、覆盖等方式保护坡体不受渗水侵害。对于地下水的排除，可根据岩体结构特征和水文地质条件，采用倾角小于10°～15°的钻孔排水；对于有明显含水层可能产生深层滑动的边坡，可采用平洞排水。

对于不稳定型边坡开挖，可以先作稳定处理，然后进行开挖。例如，采用抗滑挡墙、抗滑桩、锚筋桩、预应力锚索以及化学灌浆等方法，必要时进行边挡护边开挖。

尽量避免雨季施工，并力争一次处理完毕。否则，雨季施工应采用临时封闭措施。作好稳定性观测和预报工作。

按照“先坡面、后坡脚”自上而下的开挖程序施工，并限制坡比，坡高要在允许范围之内，必要时增设马道。

开挖时，注意不切断层面或楔体棱线，不使滑体悬空而失去支撑作用。坡高应尽量控制到不涉及有害软弱面及不稳定岩体。

控制爆破规模，应不使爆破振动附加动荷载使边坡失稳。为避免造成过多的爆破裂隙，开挖邻近最终边坡时，应采用光面、预裂爆破，必要时改用小炮、风镐或人工撬挖。

（二）不稳定岩体的开挖

一次削坡开挖。主要是开挖边坡高度较低的不稳岩体，如溢洪道或渠道边坡。其施工要点是由坡面至坡脚顺而开挖，即先降低滑体高度，再循序向里开挖。

分段跳槽开挖。主要用于有支挡（如挡土墙、抗滑桩）要求的边坡开挖。其施工要点是开挖一段即支护一段。

分台阶开挖。在坡高较大时，采用分层留出平台或马道以提高边坡的稳定性。台阶高度由边坡处于稳定状态下的极限滑动体高度 h_v 和极限坡高 H_V 来确定，其值由力学计算的有关算式求得。为保证施工安全，应将计算的极限值除以安全系数 K，作为允许值。

第三节　土方机械化施工

一、挖土机械

挖掘机的种类繁多，根据其行走装置可分为履带式和轮胎式；根据其工作方式可分为循环式和连续式；根据其工作传动方式可分为索式、链式和液压式等。

（一）单斗挖掘机按用途分：建筑用和专用

按行走装置分：履带式、汽车式、轮胎式和步行式；

按传动装置分：机械传动、液压传动和液力机械传动；

按工作装置分：正向铲、反向铲、拉（索）铲、抓铲；

按动力装置分：内燃机驱动、电力驱动；

按斗容量分：0.5m^3、lm^3、2m^{3}等。

挖掘机有回转、行驶和工作三个装置。正向铲挖掘机有强有力的推力装置，能挖掘Ⅰ～Ⅳ级土和破碎后的岩石。正向铲主要用来挖掘停机面以上的土石方，也可以挖掘停机面以下不深的地方，但不能用于水下开挖。正向铲构造如图4-6所示。

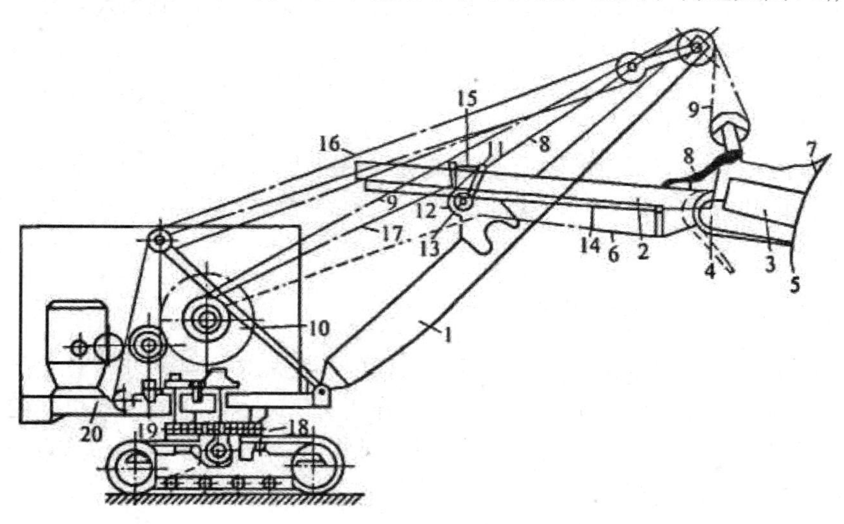

图4-6　正向铲挖掘机构造图

1．支杆；2．斗柄；3．铲斗；4．斗底铰链连接；5．门扣；6．开启斗门索；7．斗齿；8．拉杆；9．提升索；10．绞盘；11．枢轴；12．取土鼓轴；13．齿轮；14．齿杆；15．鞍式轴承；16．支撑索；17．回引索；18．旋转大齿轮；19．旋转小齿轮；20．回转盘

反向铲可以挖停机面以下较深的土，也可以挖停机面以上一定范围的土，也可以用于水下开挖。其中液压反向铲挖掘机如图4-7所示。

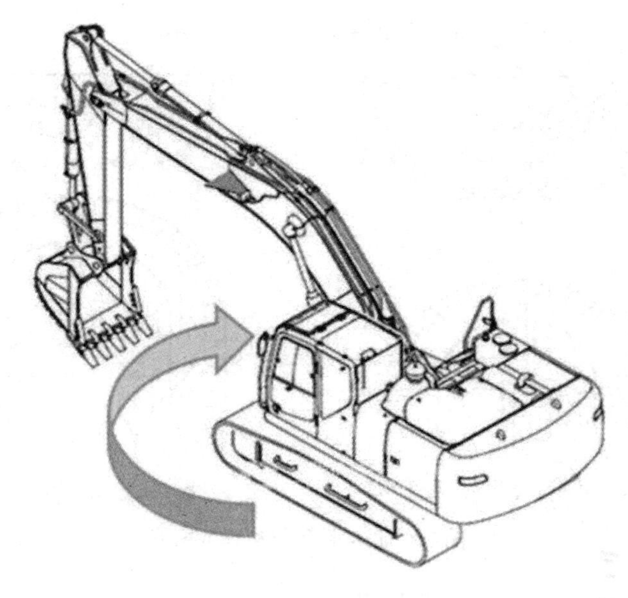

图4-7　液压反向挖掘机

其他类型的单斗挖掘机如图4-8所示。

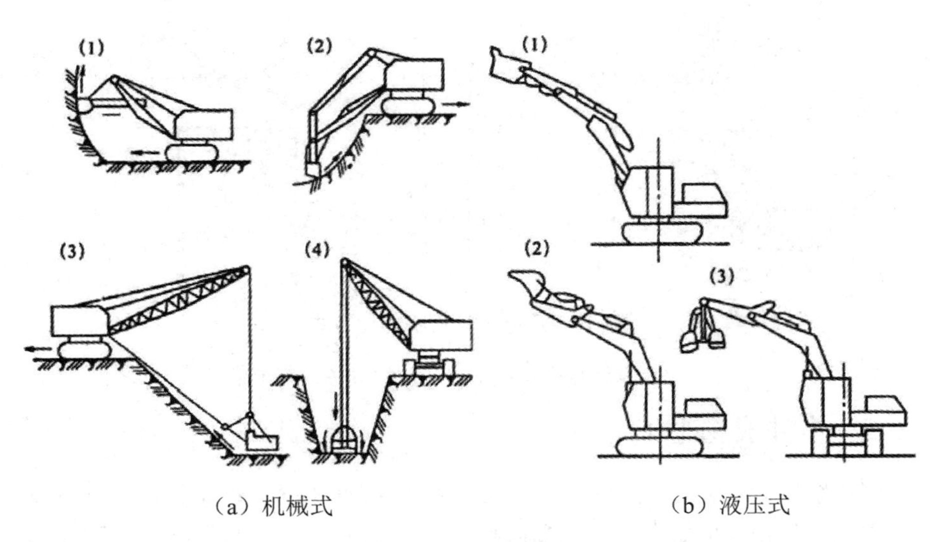

（a）机械式　　　　（b）液压式

图4-8　单斗式挖掘机

1．正铲；2．反铲；3．拉铲；4．抓铲

正向铲和反向铲的挖土方式如图4-9、图4-10所示。

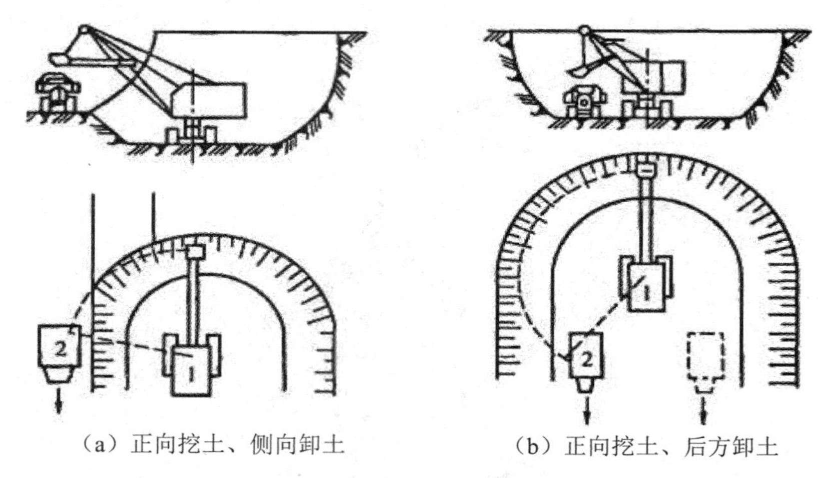

（a）正向挖土、侧向卸土　　（b）正向挖土、后方卸土

图4-9　正向铲挖掘机作业方式

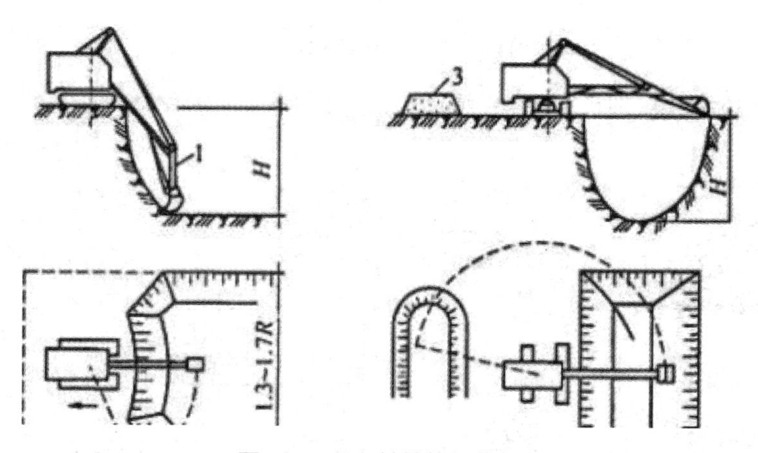

图4-10　反向铲挖掘机作业方式

1．反铲挖掘机；2．自卸汽车；3．弃土堆

（二）多斗式挖土机

多斗挖土机又称挖沟机、纵向多斗挖土机。与单斗挖土机比较，多斗式挖土机有下列优点：挖土作业是连续的，在同样条件下生产率高；开挖单位土方量所需的能量消耗较低；开挖沟槽的底和壁较整齐；在连续挖土的同时，能将土自动卸在沟槽一侧。

多斗式挖土机不宜开挖坚硬的土和含水量较大的土。它适宜开挖黄土，粉质黏土等。多斗式挖土机由工作装置、行走装置和动力、操纵及传动装置等几部分组成。

按工作装置分为链斗式和轮式两种。按卸土方式分为装有卸土皮带运输器和未装卸土皮带运输器的两种。通常挖沟机大多装有皮带运输器。行走装置有履带式、轮胎式和履带轮胎式三种。其动力一般为内燃机。

普遍使用的斗轮式挖掘机如图4-11所示。当地面具有较大横向坡度时，采用可调节轮轴的挖沟机，倾斜地面的挖沟机如图4-12所示。

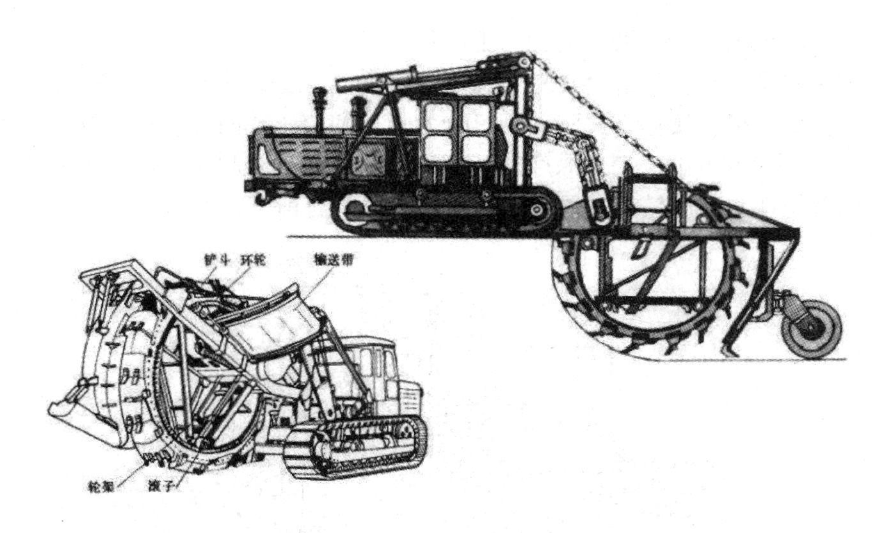

图4-11　斗轮式挖掘机

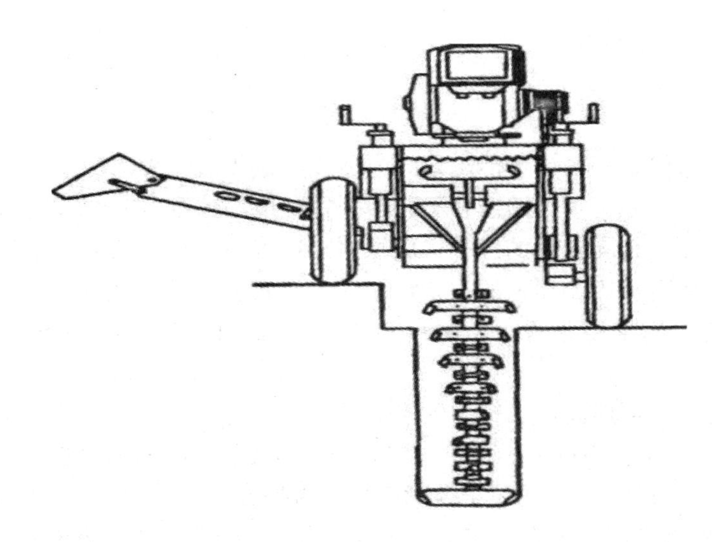

图4-12　倾斜地面的挖沟机

二、挖运组合机械

（一）推土机

以拖拉机为原动机械，另加切土刀片的推土器，既可薄层切土，又能短距离推运。推土机是一种挖运综合作业机械，是在拖拉机上装上推土铲刀而成，如图4-13所示。按推土板的操作方式不同，可分为索式和液压式两种。索式推土机的铲刀是借刀具自重切入土中，切土深度较小；液压推土机能强制切土，推土板的切土角度可以调整，切土深度较大，因此，液压推土机是目前工程中常用的一种推土机。

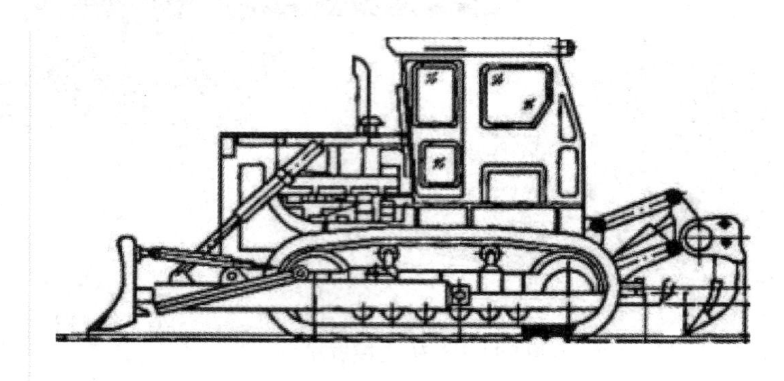

图4-13　推土机

推土机构造简单，操作灵活，运转方便，所需作业面小，功率大，能爬30°左右的缓坡。适用于施工场地清理和平整，开挖深度不超过1.5m的基坑以及沟槽的回填土，堆筑高度在1.5m以内的路基、堤坝等。在推土机后面安装松土装置，可破松硬土和冻土，还可牵引无动力的土方机械（如拖式铲运机、羊脚碾等）进行其他土方作业。推土机的推运距离宜在100m以内，当推运距离在30～60m时，经济效益最好。

利用下述方法可提高推土机的生产效率：

（1）下坡推土。借推土机自重，增大铲刀的切土深度和运土数量，以提高推土能力和缩短运土时间。一般可提高效率30%～40%。

（2）并列推土。对于大面积土方工程，可用2～3台推土机并列推土。推土时，两铲刀相距15～30cm，以减少土的侧向散失，倒车时，分别按先后顺序退回。平均运距不超过50～75m时，效率最高。

（3）沟槽推土。当运距较远，挖土层较厚时，利用前次推土形成的槽推土，可大大减少土方散失，从而提高效率。此外，还可在推土板两侧附加侧板，增大推土板前的推土体积以提高推土效率。

（二）铲运机

按行走方式，铲运机分为牵引式和自行式。前者用拖拉机牵引铲斗，后者自身有行驶动力装置。现在多用自行式。根据操作方式不同，拖式铲运机又分为索式和液压式两种。图4-14为铲斗容量7m^{3}的国产CL17型自行式铲运机。

铲运机能独立完成铲土、运土、卸土和平土作业，对行驶道路要求低，操作灵活，运转方便，生产效率高。铲运机适用于大面积场地平整，开挖大型基坑、沟槽以及填筑路基、堤坝等，最适合开挖含水量不大于27%的松土和普通土，不适合在砂砾层和沼泽区工作。当铲运较硬的土壤时，宜先用推土机翻松0.2～0.4m，以减少机械磨损，提高效率。常用铲运机斗容量为1.5～6m^3。拖式铲运机的运距以不超过800m为宜，当运距在300m左右时效率最高，自行式铲运机的经济运距为800～1500m。

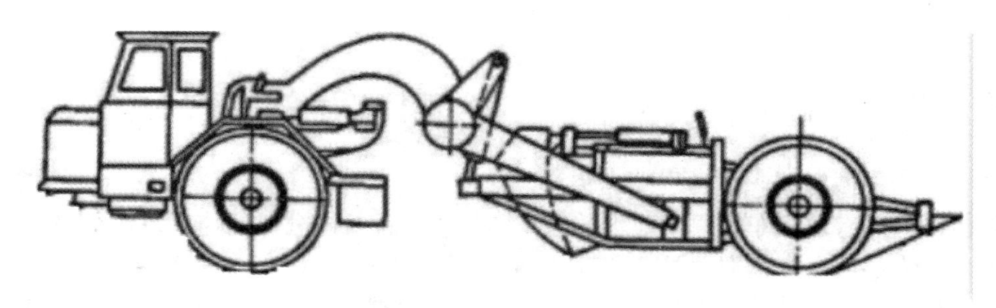

图4-14　CL17型自行式铲运机

（三）装载机

装载机是一种高效的挖运组合机械。主要用途是铲取散粒料并装上车辆，可用于装运、挖掘、平整场地和牵引车辆等，更换工作装置后，可用于抓举或起重的作业，因此在工程中得到广泛应用，如图4-15所示。

装载机按行走装置分为轮胎式和履带式两种；按卸料方式分为前卸式、后卸式和回转式三种；按装载重量：分为小型（<1t）、轻型（1～3t）、中型（4～8t）和重型（>10t）四种。目前使用最多的是四轮驱动铰接转向的轮式装载机，其铲斗多为前卸式，有的兼可侧卸。

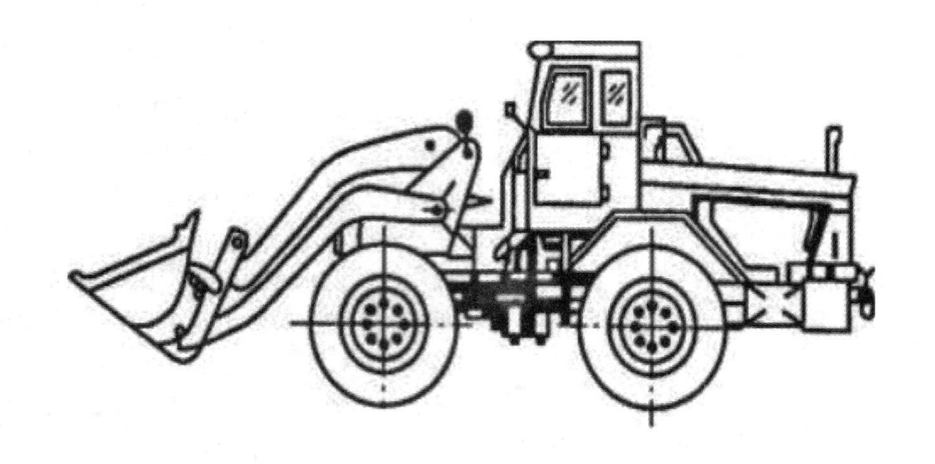

图4-15　装载机

三、运输机械

运输机械有循环式和连续式两种。

循环式有轨机车和机动灵活的汽车。一般工程自卸汽车的吨位是10～35t，汽车吨位的大小应根据需要并结合路涵条件来考虑。

最常用的连续式运输机械是带式运输机。根据有无行驶装置，分为移动式和固定式两种。前者多用于短途运输和散料的装卸堆存，后者常用于长距离的运输。图4-16为固定带式运输机构造图。

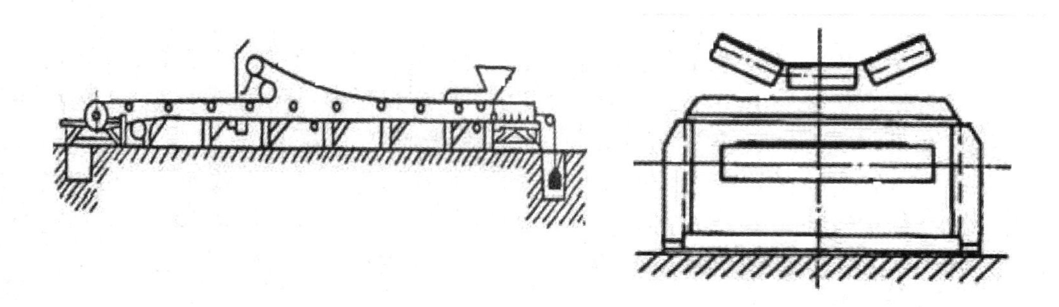

（a）纵剖面图　　（b）横剖面图

图4-16　固定带式运输机构造图

四、土石料挖运方案

（一）综合机械化施工的基本原则

充分发挥主要机械的作用；挖运机械应根据工作特点配套选择；机械配套要有利于使用、维修和管理；加强维修管理工作，充分发挥机械联合作业的生产力，提高其时间利用系数；合理布置工作面、改善道路条件，减少连续的运转时间。

（二）挖运设备生产能力

挖掘机。循环式单斗挖掘机和连续式多斗挖掘机的实际小时生产率P（m^3/h）可按下式确定。

$$P = 60qnK_H K'_p K_B K_t \quad (4\text{-}15)$$

式中：q——土料的几何容积，m^3；

n——对于单斗挖掘机系指每分钟循环工作次数，对于多斗挖掘机系指每分钟倾倒的土斗数量；

K_H——土斗的充盈系数，表示实际装料容积与土斗几何容积的比值，对于正向铲可取1，对于索铲可取0.9；

K'_p——土的松散系数，指挖土前的实土与挖后松土体积的比值其大小与土料的等级有关，其取值范围见表4-18；

K_B——时间利用系数，表示挖掘机工作时间利用程度，可取0.8～0.9；

K_t——联合作业延误系数，考虑运输工具影响挖掘机的工作时间；有运输工具配合时，可取0.9，无运输工具配合时应取1。

表4-18　土的松散系数取值范围表

土料的等级	I	II	III	IV
土的松散系数	0.93～0.83	0.88～0.78	0.81～0.71	0.79～0.73

运输机械。运输机械可分为循环式和连续式运输机械。①循环式运输机械数量n的确定。

$$n = \frac{Q_T t}{q(T_1 - T_2)} \quad (4\text{-}16)$$

式中：Q_T——运输强度（一昼夜或一班运载的总方量），m^3；

q——运输工具装载的有效方量，m^3；

T_1——一昼夜或一班的时间，min；

T_2——一昼夜或一班内运输工具的非工作的时间，min；

t——运输工具周转一次的循环时间，min。

连续式运输机械。带式运输机的生产率，取决于带宽、带速及带上物料的装满程度。然而，带的装满程度与带的形状、所装物料性质和运输机械布置的倾角有关。若以实方计，带式运输机的实际小时生产率 P_T（m^3/h）可按下式计算：

$$PT = KB^2 vK_B K_H K'_p K_d K_\alpha \tag{4-17}$$

式中：K——带形系数；对于平面带，K=200；对于槽形带，K=400；

B——带宽，m；

v——带的运行速度，m/s，通常可取1～2m/s；

K_B——时间利用系数，一般取0.75～0.8；

K_H——充盈系数；

K_d——土石粒径系数；

K_α——倾角影响系数；其他符号同前。

（三）挖运强度和挖运机械数量的确定

1．挖运强度的确定

土石坝施工的挖运强度取决于土石坝的上坝强度，上坝强度又取决于施工中的气象水文条件、施工导流方式、施工分期、工作面的大小、劳动力、机械设备、燃料动力供应情况等因素。在施工组织设计中，一般根据施工进度计划各个阶段要求完成的坝体方量来确定上坝和挖运强度。合理的施工组织管理应有利于实现均衡生产，避免生产大起大落，使人力、机械设备不能充分利用，造成不必要的浪费。

上坝强度：

$$Q_D = \frac{V'K_a}{TK_1}K \tag{4-18}$$

式中：V'——分期完成的现体设计方量（m^3），以压实方计；

K_a——坝体沉陷影响系数，可取1.03～1.05；

K——施工不均衡系数，可取1.2～1.3；

K_1——坝面作业土料损失系数，可取0.9～0.95；

T——施工分期的有效工作日数。

运输强度：

$$Q_T = \frac{Q_D}{K_2}K_c \tag{4-19}$$

式中：K_c——压实影响系数；

K_2——运输损失系数，可取0.95～0.99。

开挖强度：

$$Q_c = \frac{Q_D}{K_2 K_3}K'_c \tag{4-20}$$

式中：K'_c——压实系数，为坝体设计干容重γ_0与土料天然容重γ_c的比值；

K_3——土料开挖损失系数，一般取0.92～0.97。

2．挖运机械数量确定

挖掘机装车斗数：

$$m=\frac{Q}{\gamma_c q K_H K'_p} \tag{4-21}$$

式中：Q——自卸汽车的载重量，t；

q——选定挖掘机的斗容量，m^3；

γ_c——料场土的天然容重，t/m^3；

K_H——挖掘机的土斗充盈系数；

K'_p——土料的松散影响系数。

配套一台挖掘机所需自卸汽车数量n：

$$np_a \geqslant p_c \tag{4-22}$$

式中：p_a——每辆汽车的生产率，m^3/h；

p_c——每台挖掘机的生产率，m^3/h。

满足施工高峰期上坝强度的挖掘机数量：

$$N_C=\frac{Q_{C\max}}{p_c} \tag{4-23}$$

满足施工高峰期上坝强度的汽车的数量：

$$N_a=\frac{Q_{T\max}}{p_a} \tag{4-24}$$

（四）综合机械化方案选择

土石坝工程量巨大，挖、运、填、压等多个工艺环节环环相扣。提高劳动生产率，改善工程质量，降低工程成本的有效措施是采用综合机械化施工。

选择机械化施工方案通常应考虑如下原则：适应当地条件，保证施工质量，生产能力满足整个施工过程的要求；机械设备性能机动、灵活、高效、低耗、运行安全、耐久可靠；通用性强，能承担先后施工的工程项目，设备利用率高；机械设备要配套，各类设备均能充分发挥效率，特别应注意充分发挥主导机械的效率，譬如在挖、运、填、压作业中，应充分发挥龙头机械挖掘机的效率，以期为其他作业设备效率的提高，提供必要的前提和保证；设备购置及运行费用低，易于获得零、配件，便于维修、保养、管理和调度；应从采料工作面、回车场地、路桥等级、卸料位置、坝面条件等方面创造相适应的条件，以便充分发挥挖、运、填、压各种机械的效能。

第四节　土石坝施工技术

土石坝是一种充分利用当地材料的坝型。随着大型高效施工机械的广泛使用，施工人数大量减少，施工工期不断缩短，施工费用显著降低，施工条件日益改善，土石坝工程的应用比任何其他坝型都更加广泛。

根据施工方法不同，土石坝分为干填碾压、水中填土、水力冲填（包括水坠坝）和定向爆破筑坝等类型。国内以碾压式土石坝应用最多。

碾压土石坝的施工，包括施工准备作业、基本作业、辅助作业和附加作业等。

准备作业包括："三通一平"即平整场地、通车、通水、通电，架设通信线路，修建生产、生活福利、行政办公用房以及排水清基等项工作。

基本作业包括：料场土石料开采，挖、装、运、卸以及坝面铺平、压实和质检等项工作。

辅助作业是保证准备及避本作业顺利进行，创造良好工作条件的作业，包括清除施工场地及料场的覆盖层，从上坝土料中剔除超径石块、杂物，坝面排水、层间刨毛和洒水等工作。

附加作业是保证坝体长期安全运行的防护及修整工作，包括坝坡修整，铺砌护面块石及种植草皮等。

一、土石料场的规划

土石坝用料量很大，在选坝阶段需对土石料场做全面调查，施工前配合施工组织设计，对料场作深入勘测，并从空间、时间、质量和数量等方面进行全面规划。

（一）时间上的规划

所谓时间规划，就必须考虑施工强度和坝体填筑部位的变化。随着季节及坝前库水情况的变化，料场的工作条件也在变化。在场料规划上应力求做到上坝强度高时用较近料场，上坝强度低时用较远的料场，使运输任务比较均衡。对近料和上游易淹的料场应先用，远料和下游不易淹的料场后用；含水量高的料场旱季用，含水量低的料场雨季用。在料场使用规划中，还应保留一部分近料场供合龙段填筑和拦洪度汛高峰强度时使用。此外，还应对时间和空间进行统筹规划，否则会产生事与愿违的后果。

（二）空间上的规划

所谓空间规划，系指对料场位置、高程的恰当选择，合理布置。土石料的上坝运距尽可能短些，高程上有利于重车下坡，减少运输机械功率的消耗。近料场不应因取料影响坝的防渗稳定和上坝运输；也不应使道路坡度过陡引起运输事故。坝的上下游、左右岸最好都选有料场，这样有利于上下游左右岸同时供料，减少施工干扰，保证坝体均衡上升。用料时原则上应低料低用，高料高用，当高料场储有富余时，亦可高料低用。同时料场的位置应有利于布置开采设备、交通及排水通畅。对石料场尚应考虑与重要建筑物、构筑物、机械设备等保持足够的防爆、防震安全距离。

（三）质与量上的规划

料场质与量的规划，是料场规划最基本的要求，也是决定料场取舍的重要因素。在选择和规划使用料场时，应对料场的地质成因、产状、埋深、储量以及各种物理力学指标进行全面勘探和试验。勘探精度应随设计深度加深而提高。在施工组织设计中，进行用料规划，不仅应使料场的总储量满足坝体总方量的要求，而且应满足施工各个阶段最大上坝强度的要求。

料尽其用，充分利用永久和临时建筑物基础开挖渣料是土石坝料场规划的又一重要原则。为此应增加必要的施工技术组织措施，确保渣料的充分利用。若导流建筑物和永久建筑物的基础开挖时间与上坝时间不一致时，则可以调整开挖和填筑进度，或增设堆料场储备渣料，供填筑时使用。

料场规划还应对主要料场和备用料场分别加以考虑。前者要求质好、量大、运距近，且有利于常年开采；后者通常在淹没区外，当前者被淹没或因库区水位抬高，土料过湿或其他原因中断使用时，则用备用料场保证坝体填筑不致中断。

在规划料场实际可开采总量时，应考虑料场查勘的精度、料场天然容重与坝体压实容重的差异，以及开挖运输、坝面清理、返工削坡等损失。实际可开采总量与坝体填筑量之比一般为：土料2～2.5；砂砾料1.5～2；水下砂砾料2～3；石料1.5～2；反滤料应根据筛后有效方法确定，一般不宜小于3。另外，料场选择还应与施工总体布置结合考虑，应根据运输方式、强度来研究运输线路的规划和装料面的布置。料场内装料面应保持合理的间距，间距太小会使道路频繁搬迁，影响工效；间距太大影响开采强度，通常装料而间距取100m为宜。整个场地规划还应排水通畅，全面考虑出料、堆料、弃料的位置，力求避免干扰以加快采运速度。

二、坝面作业施工组织规划

当基础开挖和基础处理基本完成后，就可进行坝体的铺填、压实施工。

坝面作业施工程序包括：铺土、平土、洒水、压实（对于黏性土采用平碾，压实后尚须刨毛以保证层间结合的质量、质检等工序。坝面作业，工作面狭窄，工种多，工序多，机械设备多，施工时须有妥善的施工组织规划。

为避免坝面施工中的干扰，延误施工进度，坝面压实宜采用流水作业施工。

流水作业施工组织应先按施工工序数目对坝面分段，然后组织相应专业施工队依次进入各工段施工。这样，对同一工段而言，各专业队按工序依次连续施工；对各专业施工队而言，依次不停地在各工队完成固定的专业工作。其结果是实现了施工专业化，有利于工人熟练程度的提高。同时，各工段都有专业队使用固定的施工机具，从而保证施工过程人、机、地三不闲，避免施工干扰，有利于坝面作业多、快、好、省、安全地进行。

设拟开展的坝面作业划分为铺土、平土洒水、压实、刨毛质检四道工序，于是将坝面至少划分成四个相互平行的工段。在同一时间内，四个工段均有一个专业队完成一道工序，各专业队依次流水作业。

正确划分工段是组织流水作业的前提，每个工段的面积取决于各施工时段的上坝强度，以及不同高程坝面面积的大小。

工段数目 m 可按下式计算：

$$m = \frac{W_D}{W_B} \quad (4\text{-}25)$$

其中，

$$W_B = \frac{Q_D}{h} \quad (4\text{-}26)$$

式中：W_D——坝体某一高程工作面面积，可根据施工进度按图确定，m^2；

W_B——每一工作时段的铺土面积，m^2；

h——根据压实试验确定的每层铺土厚度，m。

若 m' 为流水作业工序数，m 为每层工段数，二者的大小关系反映流水作业的组织情况。当 $m = m'$ 时，表示流水工段数等于流水工序数，有条件使流水作业在人、机、地三不闲的情况下进行；当 $m > m'$ 时，表示流水工段数大于流水工序数，这样流水作业在“地闲”而人和机械不闲的情况下进行；当 $m < m'$ 时，表示流水工段数小于流水工序数，表明人、机闲置，流水作业无法正常进行，这种情况应予避免。

出现 $m < m'$ 的情况是由于坝面升高、工作面减小或划分流水工序（即划分专业队）过多所致。要增多流水工段数 m，可通过缩短流水单位时间，或降低上坝强度 Q_D，减少单位时间的铺土面积 W_B 来解决。另一条途径是减少流水工序数目 m'，合并某些工序，例如将铺土、平土洒水、压实和质检刨毛四道工序，合并为三道工序，如可将前两道工序合并为铺土平土洒水一道工序。

铺土宜平行坝轴线进行，铺土厚度要匀，超径不合格的土块应打碎，石块、杂物应剔除。进入防渗体内铺土，自卸汽车卸料宜用进占法倒退铺土，使汽车始终在松土上行驶，避免在压实土层上开行，造成超压，引起剪力破坏。汽车穿越反滤层进入防渗体，容易将反滤料带入防渗体内，造成防渗土料与反滤料混杂，影响坝体质量。因此，应在坝面每隔40～60m设专用“路口”，每填筑二三层换一次“路口”位置，既可防止不同土料混杂，又能防止超压产生剪切破坏，万一在“路口”出现质量事故，也便于集中处理，不影响整个坝面作业。

按设计厚度铺土平土是保证压实质量的关键。采用带式运输机或自卸汽车上坝，卸料集中。为保证铺土均匀，需用推土机或平土机散料平土。国内不少工地采用“算方上料、定点卸料、随卸随平、定机定人、铺平把关、插杆检查”的措施，使平土工作取得良好的效果。铺填中不应使坝面起伏不平，避免降雨积水。

黏性土料含水量偏低，主要应在料场加水，若需在坝面加水，应力求“少、勤、匀”，以保证压实效果。对非黏性土料，为防止运输过程脱水过量，加水工作主要在坝面进行。石渣料和砂砾料压实前应充分加水，确保压实质量。

对于汽车上坝或光面压实机具压实的土层，应刨毛处理，以利层间结合。通常刨毛深度3～5cm，可用推土机改装的刨毛机刨毛，工效高、质量好。

三、压实机械及其生产能力的确定

众所周知，土料不同，其物理力学性质也不同，因此使之密实的作用外力也不同。黏性土料黏结力是主要的，要求压实作用外力能克服黏结力；非黏性土料（砂性土料、石渣料、砾石料）内摩擦力是主要的，要求压实作用外力能克服颗粒间的内摩擦力。不同的压实机械设备产生的压实作用外力不同，大体可分为碾压、夯击和振动三种基本类型，如图4-17所示。

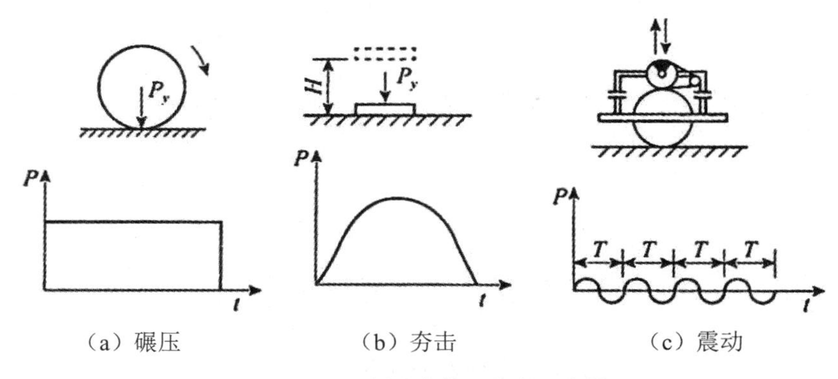

（a）碾压　　（b）夯击　　（c）震动

图4-17　土料压实作用外力示意图

碾压的作用力是静压力，其大小不随作用时间而变化，如图4-17（a）所示；夯击的作用力为瞬时动力，有瞬时脉冲作用，其大小随时间和落高而变化，如

图4-17（b）所示；振动的作用力为周期性的重复动力，其大小随时间呈周期性变化，振动周期的长短，随振动频率的大小而变化，如图3-17（c）所示。

（一）压实机械及其压实方法

根据压实作用力来划分，通常有碾压、夯击和振动压实三种机具。随着工程机械的发展，又有振动和碾压同时作用的振动碾，产生振动和夯击作用的振动夯等。常用的压实机具有以下几种。

1．羊脚碾及其压实方法

羊脚碾的外形如图4-18所示，它与平碾不同，在碾压滚筒表面设有交错排列的截头圆锥体，状如羊脚，钢铁空心滚筒侧面设有加载孔，加载大小根据设计需要确定。加载物料有铸铁块和砂砾石等。碾滚的轴由框架支承，与牵引的拖拉机用杠辕相连。羊脚的长度随碾滚的重量增加而增加，一般为碾滚直径的1/6～1/7。羊脚过长，其表面面积过大，压实阻力增加，羊脚端部的接触应力减小，影响压实效采。重型羊脚碾碾重可达30t，羊脚相应长40cm。拖拉机的牵引力随碾增加而增加。

图4-18　羊脚碾外形图

1．羊脚；2．加载孔；3．碾滚筒：4．杠辕框架

羊脚碾的羊脚插入土中，不仅使羊脚端部的土料受到压实，而且使侧向土料受到挤压，从而达到均匀压实的效果。如图4-19所示。在压实过程中，羊脚对表层土有翻松作用，无需刨毛就能保证土料层间结合。

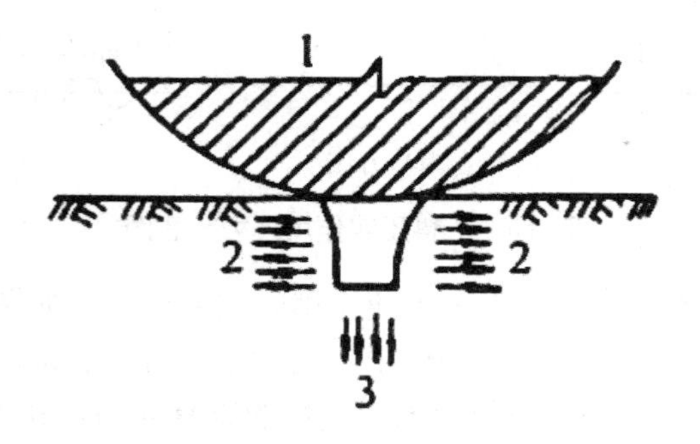

图4-19　羊脚对土料的正压力和侧压力

1．碾滚；2．侧压力；3．正压力

和其他碾压机械一样，羊脚碾的开行方式有如下两种：进退错距法和圈转套压法。前者操作简便，碾压、铺土和质检等工序协调，便于分段流水作业，压实质量容易保证，其开行方式如图4-20（a）所示；后者要求开行的工作面较大，适合于多碾滚组合碾压。其优点是生产效率较高，但碾压中转弯套压交接处重压过多，易于

超压。当转弯半径小时，容易引起土层扭曲，产生剪力破坏，在转弯的四角容易漏压，质量难以保证，其开行方式如图4-20（b）所示。国内多采用进退错距法，用这种开行方式，为避免漏压，可在碾压带的两侧先往复压够遍数后，再进行错距碾压。错距宽度b（m）按下式计算：

$$b=\frac{B}{n} \tag{4-27}$$

式中：B——碾滚净宽，m；

n——设计碾压遍数。

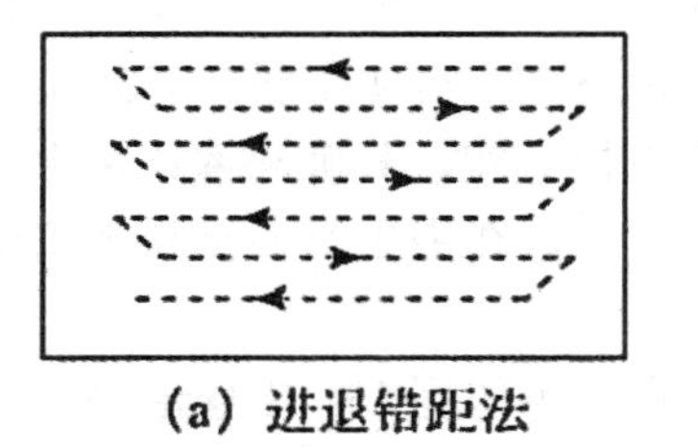
（a）进退错距法

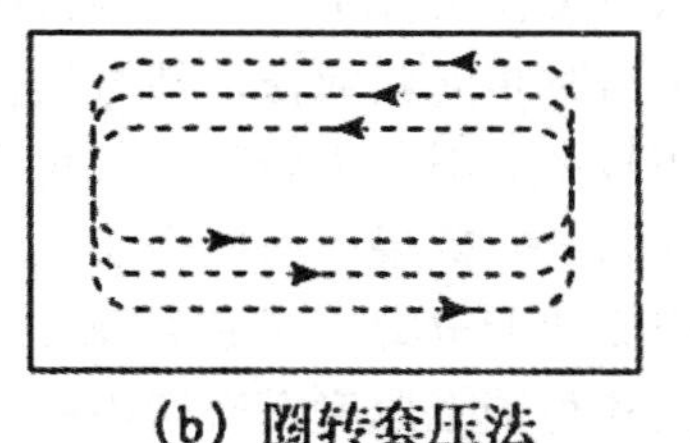
（b）圈转套压法

图4-20　碾压机械开行方式

2．振动碾

振动碾是一种振动和碾压相结合的压实机械，它是由柴油机带动与机身相连的附有偏心块的轴旋转，迫使碾滚产生高频振动。振动功能以压力波的形式传到土体内。非黏性土料在振动作用下，土粒间的内摩擦力迅速降低，同时由于颗粒大小不均匀，质量有差异，导致惯性力存在差异，从而产生相对位移，使细颗粒填入粗颗粒间的空隙而达到密实。然而，黏性土颗粒间的黏结力是主要的，且土粒相对比较均匀，在振动作用下，不能取得像非黏性土那样的压实效果。

由于振动作用，振动碾的压实影响深度比一般碾压机械大1～3倍，可达lm以上。它的碾压面积比振动夯、振动器压实面积大，生产率很高。振动碾压实效果好，使非黏性土料的相对密度大为提高，坝体的沉陷量大幅度降低，稳定性明显增强，使土工建筑物的抗震性能大为改善。故抗震规范明确规定，对有防震要求的土工建筑物必须用振动碾压实。振动碾结构简单，制作方便，成本低廉，生产率高，是压实非黏性土石料的高效压实机械。

3．气胎碾

气胎碾有单轴和双轴之分。单轴的主要构造是由装载荷重的金属车厢和装在轴上的4～6个气胎组成。碾压时在金属车厢内加载，并同时将气胎充气至设计压力。为防止气胎损坏，停工时用千斤顶将金属箱支托起来，并把胎内的气放掉。

气胎碾在碾压土料时，气胎随土体的变形而变形。随着土体压实密度的增加，气胎的变形也相应增加，从而使气胎与土体的接触面积随之增大，始终能保持较为均匀的压实效果，它与刚性碾比较，气胎不仅对土体的接触压力分布均匀而且作用时间长，压实效果好，压实土料厚度大，生产效率高。

气胎碾可根据压实土料的特性调整其内压力，使气胎对土体的压力始终保持在土料的极限强度内。通常气胎的内压力，对黏性土以5×10^5～6×10^{5}Pa、非黏性土以2×10^5～4×10^{5}Pa最好。平碾碾滚是刚性的，不能适应土体的变形，荷载过大就会使碾滚的接触应力超过土体极限强度，这就限制了这类碾朝重型方向发展。气胎碾却不然，随着荷载的增加，气胎与土体的接触面增大，接触应力仍不致超过土体的极限强度。所以只要牵引力能满足要求，就不会妨碍气胎碾朝重型高效方向发展。

4．夯板及其压实方法

夯板可以吊装在去掉土斗的挖掘机的臂杆上，借助卷扬机操纵绳索系统使夯板上升。夯击土料时将索具放松，使夯板自由下落，夯实土料，其压实铺土厚度可达lm，生产效率较高。对于大颗粒填料可用夯板夯实，其破碎率比用碾压机械压实大得多。为了提高夯实效果，适应夯实土料特性，在夯击黏性土料或略受冰冻的土料时，尚可将夯板装上羊脚，即成羊脚夯。

夯板的尺寸与铺土厚度h密切相关。在夯击作用下，土层沿垂直方向应力的分布随夯板短边b的尺寸而变化。当$b=h$时，底层应力与表层应力之比为0.965；当$b=\frac{h}{2}$时，底层应力与表层应力比为0.473。若夯板尺寸不变，表层和底层的应力差值，随铺土厚度增加而增加。差值越大，压实后的土层竖向密度越不均匀。故选择夯板尺寸时，尽可能使夯板的短边尺寸接近或略大于铺土厚度。

夯板工作时，机身在压实地段中部后退移动，随夯板臂杆的回转，土料被夯实的夯迹呈扇形。为避免漏夯，夯迹与夯迹之间要套夯，其重叠宽度为10～15cm，夯迹排与排之间也要搭接相同的宽度。为充分发挥夯板的工作效率，避免前后排套压过多，夯板的工作转角以不大于80～90° 为宜。

压实机械的生产率

碾压机械的生产率。

$$p=\frac{v(B-C)h}{n}K_B \tag{4-28}$$

式中：n——碾压遍数；

V——碾的行驶速度，m/h；

B——碾压带宽度，m；

C——碾压带搭接宽度，m；

h——碾压层厚度，m；

K_B——时间利用系数。

夯实机械的生产率。

$$p = \frac{60m(B-C)^2 h}{n} K_B \tag{4-29}$$

式中：n——夯实遍数；

m——每分钟夯击次数；

B——夯板底宽，m；

C——夯迹重叠宽度，m；

h——夯实厚度，m；

K_B——时间利用系数。

（三）压实机械的选择

选择压实机械的原则。在选择压实机械时，主要考虑以下因素：选可取得的设备类型；能够满足设计压实标准；与压实土料的物理力学性质相适应；满足施工强度要求；设备类型、规格与工作面的大小、压实部位相适应；施工队伍现有装备和施工经验等。

各种压实机械的适用情况。根据国产碾压设备情况，宜用50t气胎碾碾压黏性土、砾质土，压实含水量略高于最优含水量（或塑限）的土料。用9.0～16.4t的双联羊脚碾压实黏性土，重型羊脚碾宜用于含水量低于最优含水量的重黏性土，对于含水量较高、压实标准较低的轻黏性土也可用肋型碾和平碾压实。13.5t的振动碾可压实堆石与含有大于500mm特大粒径的砂卵石。用直径110cm重2.5t的夯板夯实砂砾料和狭窄场面的填土，对与刚性建筑物、岸坡等的接触带，边角、拐角等部位可用轻便夯夯实，例如采用HW-01型蛙式夯。

各种碾压机械的适应性如表4-19所示，表中○表示适用，△表示可用。

表4-19　各种碾压设备的适用情况

碾压设备 土料种类	堆石	砂、砂砾料		砾质土	黏性土	黏土		软弱风化土石混合料
		优良级配	均匀级配			低中强度黏土	高强度黏土	
5～10t振动平碾	△	○	○	○	△	△	△	
10～15t振动平碾	○	○	○	○	△	△	△	
振动凸块碾			△	△	○	○	△	
振动羊脚碾				△	△	○	△	
气胎碾		○	○	○	○	○	○	
羊脚碾				△	○	○	○	
夯板		○	○	○	○	△	△	
尖齿碾								○

四、压实标准与压实参数

土石坝的土料压实标准是根据水工设计要求和土料的物理力学特性提出来的。对黏性土用干容重γ_d来控制，非黏性土用相对密度D来控制。控制标准随建筑物的等级不同而异。近些年来由于振动碾的采用，使坝体相对密度值大为提高，设计边坡更陡，设计断面更为紧凑，设计工程量显著减少。对于填方，一级建筑物可取$D=0.7\sim0.75$，二级建筑物可取$D=0.65\sim0.7$。

在现场用相对密度来控制施工质量不太方便，通常将相对密度D转换成对应的干容重γ_d来控制，其大小按非黏性土不同砾石含量，分别确定不同标准。在实际工程中用相对干容重控制。其换算公式为：

$$\gamma_d=\frac{\gamma_1\gamma_2}{\gamma_2(1-D)+\gamma_1 D} \tag{4-30}$$

式中：γ_1、γ_2——土料极松散和极紧密时的干容重，t/m^3。

压实参数的确定。在确定土料压实参数前必须对土料场进行充分调查，全面掌握各料场土料的物理力学指标，在此基础上选择具有代表性的料场进行碾压试验，作为施工过程的控制参数。当所选料场土性差异较大时，应分别进行碾压试验。因试验不能完全与施工条件吻合，在确定压实标准的合格率时，应略高于设计标准。

压实试验前，先通过理论计算并参照已建类似工程的经验，初选几种碾压机械和拟定几组碾压参数，采用逐步收敛法进行试验。先以室内试验确定的最优含水量进行现场试验。所谓逐步收敛法系指固定其他参数，变动一个参数，通过试验得到该参数的最优值。将优选的此参数和其他参数固定，再变动另一个参数，用试验确定其最优值。依此类推，通过试验得到每个参数的最优值。最后将这组最优参数再进行一次复核试验。若试验结果满足设计、施工要求，便可作为现场使用的施工碾压参数。试验中，碾压参数组合可参照表4-20而定。

表4-20 现场碾压试验设备及碾压参数组合

压实参数 碾压机械	平碾	羊脚碾	气胎碾	夯板	振动碾
机械参数	选择三种单宽压力或碾重	选择三种羊脚接触压力或碾重	气胎的内压力和碾重各选择三种	夯板的自重和直径各选择三种	对确定的一种机械碾重为定值

续表

压实参数 碾压机械	平碾	羊脚碾	气胎碾	夯板	振动碾
施工参数	1．选三种铺土厚度 2．选三种碾压遍数 3．选三种含水量	1．选三种铺土厚度 2．选三种碾压遍数 3．选三种含水量	1．选三种铺土厚度 2．选三种碾压遍数 3．选三种含水量	1．选三种铺土厚度 2．选三种夯实遍数 3．选三种夯板落距 4．选三种含水量	1. 选三种铺土厚度 2. 选三种碾压遍数 3. 充分洒水①
复核试验参数	按最优参数试验	按最优参数试验	按最优参数试验	按最优参数试验	按最优参数试验
全部试验组数	13	13	16	19（16）[2]	10（7）[3]
每个参数试验场地大小	3×10	6×10	6×10	8×8	10×20

注：①堆石的洒水量约为其体积的30%～50%，砂砾料约为20%～40%；②通常固定夯板直径，这时只试验16组，③通常固定碾重，这时只试验7组。

黏性土料压实含水量可取 $w_1 = w_p + 2\%$；$w_2 = w_p$；$w_3 = w_p - 2\%$ 三种进行试验。w_p 土料的塑限。

试验的铺土厚度和碾压遍数可参照表4-20选取，并测定相应的含水量和干容重，作出对应的关系曲线如图4-21所示。再按铺土厚度、压实遍数和最优含水量、最大干容重进行整理并绘制相应的曲线如图4-22所示。

表4-21　试验取用压实遍数和铺土厚度

序号	压实机械名称	铺松土厚度h/cm	碾压遍数n	
			黏性土	非粘黏土
1	80型履带拖拉机	10-13-16	6-10-12	5-8-10
2	10t平碾	16-20-24	5-8-10	5-6-8
3	5t双联羊脚碾	19-23-27	10-15-18	
4	30t双联羊脚碾	50-58-65	6-8-10	
5	13.5t振动平碾	75-100-150		5-6-8
6	25t气胎碾	28-35-40	6-8-10	5-6-8
7	50t气胎碾	40-50-60	5-6-8	2-6-8
8	2～3t夯板	80-100-150	2-5-6	2-3-4

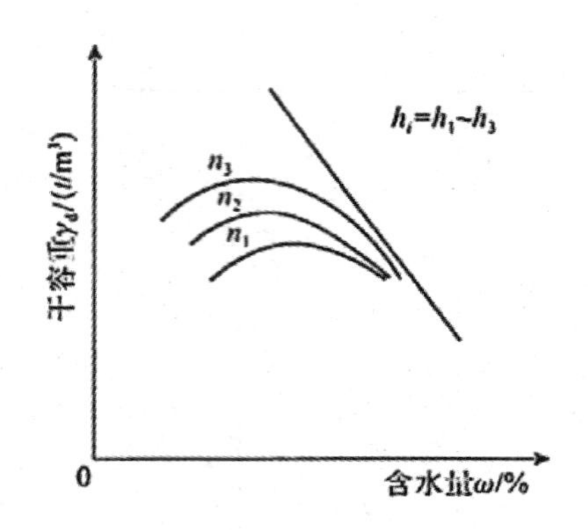

图4-21　不同铺土厚度、不同压实遍数土料含水量和干容重的关系曲线

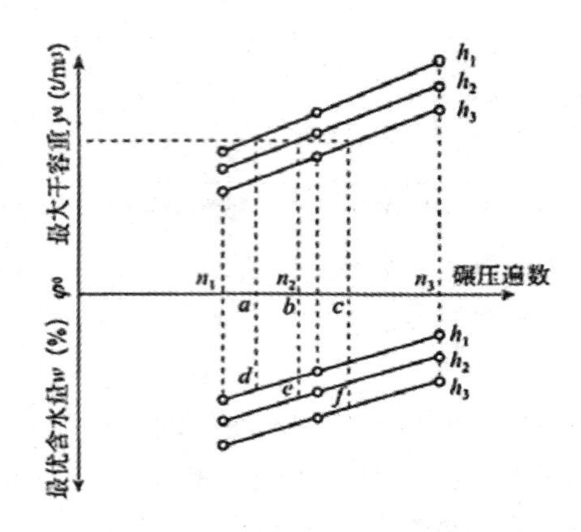

图4-22　铺土厚度、压实遍数、最优含水量、最大干容重的关系曲线

根据设计干容γ_d，从图4-22曲线上分别查出不同铺土厚度h_1、h_2、h_3所对应的压实遍数a、b、c和对应的最优含水量d、e、f。最后再分别计算$\frac{h_1}{a}$、$\frac{h_2}{b}$、$\frac{h_3}{c}$之值（即单位压实遍数的压实厚度）进行比较，以单位压实遍数的压实厚度最大者为最经济合理。

在施工中选择合理的碾压方式、铺土厚度及压实遍数，是综合各种因素试验确定的。有时对同一种土料采用两种压实机具、两种压实遍数是最经济合理的。

五、土石坝施工的质量控制要点

施工质量检查和控制是土石坝安全运行的重要保证，它应贯穿于土石坝施工的各个环节和施工全过程。

（一）料场的质量检查和控制

对土料场应经常检查所取土料的土质情况、土块大小、杂质含量和含水量是否符合规范规定。其中含水量的检查和控制尤为重要。

经测定，若土料的含水量偏高，一方面应改善料场的排水条件和采取防雨措施，另一方面需将含水量偏高的土料进行翻晒处理，或采取轮换掌子面的办法，使土料含水量降低到规定范围再开挖。若以上方法仍难满足要求，可以采用机械烘干法烘干。

当土料含水量不均匀时，应考虑堆筑“土牛”（大土堆），使含水量均匀后再外运。当含水量偏低时，对于黏性土料应考虑在料场加水。料场加水量Q_0可按下式计算：

$$Q_0 = \frac{Q_D}{K_P}\gamma_e(w_0 + w - w_e) \tag{4-31}$$

式中：Q_D——土料上坝强度；

K_P——土料的可松性系数；

γ_e——料场的土料容重；

w_0、w、w_e——分别为坝面碾压要求的含水量、装车和运输过程中含水量的蒸发损失以及料场土料的天然含水量。值通常取0.02～0.03，最好在现场测定。

料场加水的有效方法是采用分块筑畦埂，灌水浸渍，轮换取土，地形高差大也可采用喷灌机喷洒，此法易于掌握，节约用水。无论哪种加水方式，均应进行现场试验。对非黏性土料可用洒水车在坝面喷洒加水，避免运输时从料场至坝上的水量损失。

对石料场应经常检查石质、风化程度、爆落块料级配大小及形状是否满足上坝要求。如发现不合要求，应查明原因，及时处理。

（二）坝面的质量检查和控制

在坝面作业中，应对铺土厚度、填土块度、含水量大小，压实后的干容重等进行检查，并提出质量控制措施。对黏性土，含水量的检测是关键。简单办法是“手检”，即手握土料能成团，手指撮可成碎块，则含水量合适。更精确可靠的方法是用含水量测定仪测定。为便于现场质量控制，及时掌握填土压实情况，可绘制干容量、含水量质量管理图。

干容重取样试验结果，其合格率应不小于90%，不合格干容重不得低于设计干容重的98%，且不合格样不得集中。干容重的测定，黏性土一般可用体积为200～500cm^{3}的环刀测定；砂可用体积为500cm^{3}的环刀测定；砾质土、砂砾料、反滤料用灌水法或灌砂法测定；堆石因其空隙大，一般用灌水法测定。当砂砾料因缺乏细料而架空时，也用灌水法测定。

根据地形、地质、坝料特性等因素，在施工特征部位和防渗体中选定一些固定取样断面，沿坝高5～10m，取代表性试样（总数不宜少于30个）进行室内物理力学性能试验，作为核对设计及工程管理的根据。坝体取样要求见表4-22，此外，还须对坝面、坝基、削坡、坝肩接合部、与刚性建筑物连接处以及各种土料的过渡带进行检查。对土层层间结合处是否出现光面和剪力破坏应引起足够重视，认真检查。对施工中发现的可疑问题，如上坝土料的土质、含水量不符合要求，漏压或碾压遍数不够，超压或碾压遍数过多，铺土厚度不均匀及坑洼部位等应进行重点抽查，不合格者返工。

表4-22　坝体取样要求

坝料类别部位			试验项目	取样试验次数
防渗体	黏性土	边角夯实部位	干容重、含水量	2～3次/层
		碾压部位	干容重、含水量、结合层描述	1次/（100～200）m^3
		均质坝	干容重、含水量	1次/（200～400）m^3
	烁质土	边角夯实部位	干容重、含水量、砾石含量	2～3次/每层
		碾压部位	干容重含水量、砾石含量	1次/（200～400）m^3
反滤料、过滤料			干容重、砾石含量	1次/1000m^3
			颗粒分析、含泥量	1次/（1～2）m厚
坝壳砂砾料			干容篇、砾石含量	1次/（400～2000）m^3
			颗粒分析、含泥量	1次/5m厚
坝壳砾质土			干容重、含水量、小于5mm含量上、下限值	1次/（400～2000）m^3
碾压堆石			干容重、小于5mm含量	1次/（10000～50000）m^3
			颗粒分析	1次/（5～10）m厚

对于反滤层、过渡层、坝壳等非黏性土的填筑，除按表4-22取样检查外，主要应控制压实参数，如不符合要求，施工人员应及时纠正。在填筑排水反滤层过程中，每层在25×25m^2的面积内取样1～2个；对条形反滤层，每隔50m设一取样断面，每个取样断面每层取样不得少于4个，均匀分布在断面的不同部位，且层间取样位贺应彼此对应。对于反滤层铺填的厚度、是否混有杂物、填料的质量及颗粒级配等应全面检查。通过颗粒分析，查明反滤层的层间系数（D_{50}/d_{50}）和每层的颗粒不均匀系数（d_{60}/d_{10}）是否符合设计要求。如不符合要求，应重新筛选，重新铺填。

土坝的堆石棱体与堆石体的质量检查大体相同。主要应检查上坝石料的质量、风化程度、石块的重量、尺寸、形状、堆筑过程有无离析架空现象发生等。对于堆石的级配、孔隙率大小，应分层分段取样，检查是否符合规范要求。随坝体的填筑应分层埋设沉降管，对施工过程中坝体的沉陷进行定期观测，并作出沉陷随时间的变化过程线。

对于坝筑土料、反滤料、堆石等的质量检查记录，应及时整理，分别编号存档，编制数据库。既作为施工过程全面质量管理的依据，也作为坝体运行后进行长期观测和事故分析的佐证。

六、土石坝的扩建增容

随着经济的快速发展和人民生活水平的提高，水资源短缺的矛盾越来越突出，因此许多水库的扩建增容摆上了议事日程。

（一）土石坝扩建加高的一般形式

土石坝加高的形式。随原坝体结构的不同而异。一般情况下，当加高的高度不大时，常用“戴帽”的形式，原坝轴线位置不变，如图4-23所示；当加高的高度大，用“戴帽”的形式不能满足其稳定要求时，常从坝后培厚加高，原坝轴线下移。特殊情况下，也有从坝前培厚加高者。

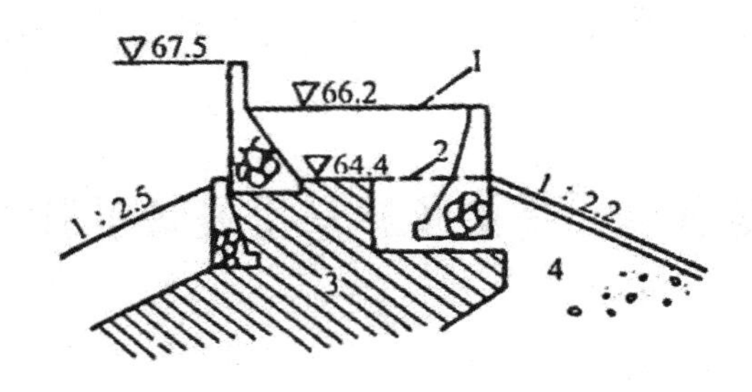

图4-23　坝顶加高示意图

1．加高坝顶；2．原坝顶；3．斜墙；4．砂砾

（二）施工特点

土石坝扩建加高工程，有以下施工特点：与新建工程一样进行坝雄及两岸坝头的处理，并要进行坝体的结合处理；由于库内已经蓄水，应尽可能不影响水库的正常运用；一般只能从下游侧一个方向来料，进料线路及上坝强度均受到影响；由于坝体较高，施工场地狭窄，施工布置受到很大的限制；坝顶部分拆除后，不宜长期暴露；必须确保安全度汛。

鉴于以上特点，扩建加高工程在开工前必须有较详细的施工组织设计和较严密的施工技术措施。

（三）施工技术要求与技术措施

坝基处理。①拆除在施工范围内的建筑物（如水电站、变电所、输水道出口、坝下公路、桥涵等）以及原有的排水体；②坝基加宽部分需拆除的人工填筑层及堆置的弃料要全部清除并挖至砂砾层顶面，其表层干容重不低于原坝基的自然干容重；③两坝肩的清理与新建工程相同。

原坝顶拆除及坝体填筑。①拆除原坝顶防浪墙、灯座及路面等。一般采用松动爆破开挖，人工或挖土机装汽车运出；②为防止原心墙发生干缩裂缝，坝顶可预留0.5m厚的保护层，心墙临空面，应全部覆盖，并加强表层养护工作，防止暴晒、雨淋和冻融破坏。随着新填筑体的上升，逐层对原心墙进行刨毛洒水，改善与新填土体的结合条件。如暴露的心墙临空面高差太大时，开挖成安全边坡，以防拥塌；③原砂壳拆除的砂砾料，如符合设计标准，可直接用于铺筑新坝体；否则，可按代替料使用；④大坝填筑要尽可能保护土、砂、石平衡上升，按不同的料物及运距，配置一定比例的挖运机械，满足大坝平衡上升填筑强度的要求。⑤防渗体雨季施工时，需采取相应的雨季填筑措施，填筑面应有适当的排水坡度。

坝体观测设备的恢复和补设。为了监视土石坝的工作状况及其变化，保证其加高前后观测资料的连续性，对各种观测设备必须及时恢复与补设。特别是对浸润线观测管，既要照顾到原有测压管布置状况，对原管必须进行检查和鉴定，确定哪些管需要报废重设，哪些管需要保留加高；又要考虑需要增设必要的观测断面，重新布孔和施工。

第五节　堤防及护岸工程施工技术

堤防工程包括土料场选择与土料挖运、堤基处理、堤身施工、防渗工程施工、防护工程施工、堤防加固与扩建等内容。

护岸工程是指直接或间接保护河岸，并保持适当整治线的任何一种结构，它包括用混凝土、块石或其他材料做成的直接（连续性的）护岸工程，也包括诸如用丁坝等建筑物用来改变和调整河槽的间接性（非连续性的）护岸工程。

一、堤身填筑

堤防施工的主要内容包括土料选择与土场布置、施工放样与堤基清理、铺土压实与竣工验收等。

（一）土料选择

土料选择的原则是：一方面要满足防渗要求，另一方面应就地取材，因地制宜。

开工前，应根据设计要求、土质、天然含水量、运距及开采条件等因素选择取料区；均质土堤宜选用中壤土～亚黏土；铺盖、心墙、斜墙等防渗体宜选用黏性较大的土；堤后盖重宜选用砂性土。淤泥土、杂质土、冻土块、膨胀土、分散性黏土等特殊土料，一般不宜于填筑堤身。

（二）土料开采

地表清理。土料场地表清理包括清除表层杂质和耕作土、植物根系及表层稀软淤土。

排水。土料场排水应采取截、排结合，以截为主的措施。对于地表水应在采料高程以上修筑截水沟加以拦截。对于流入开采范围的地表水应挖纵横排水沟迅速排除。在开挖过程中，应保持地下水位在开挖面0.5m以下。

常用挖运设备。堤防施工是挖、装、运、填的综合作业。开挖与运输是施工的关键工序，是保证工期和降低施工费用的主要环节。堤防施工中常用的设备按其功能可分为挖装、运输和碾压三类，主要设备有挖掘机、铲运机、推土机、碾压设备和自卸汽车等。

开采方式。土料开采主要有立面开采和平面开采两种方式，其施工特点及适用条件见表4-23。

表4-23　土料开采方式比较

开采条件	立面开采	平面开采
料场条件	土层较厚（大于5m），土料成层分布不均	地形平坦，面积较大，适应薄层开挖
含水率	损失小，适用于接近或略小于施工控制含水率的土料	损失大，适用于稍大于施工控制含水率的土料
冬季施工	土温散失小	土温易散失，不宜在负气温下施工
雨季施工	不利影响较小	不利影响较大
适用机械	正铲挖掘机，装载机	推土机，铲运机，反向挖掘机
层状土料情况	层状土料允许掺混	层状土料有需剔除的不合格料层

无论采用何种开采方式均应在料场对土料进行质量控制，检查土料性质及含水率是否符合设计规定，不符合规定的土料不得上堤。

（三）填筑技术要求

堤基清理。筑堤工作开始前，必须按设计要求对堤基进行清理；堤基清理范围包括堤身、铺盖和压载的基面。堤基清理边线应比设计基面边线宽出30～50cm。老堤基加高培厚，其清理范围包括堤顶和堤坡；堤基清理时，应将堤基范围内的淤泥、腐殖土、泥炭、不合格土及杂草、树根等清除干净；堤趣基的井窖、树坑、坑塘等应按堤身要求进行分层回填处理；堤基清理后，应在第一层铺填前进行平整压实，压实后土体干密度应符合设计要求；堤基冻结后不应有明显冻夹层、冻胀现象或浸水现象。

填筑作业的一般要求。地面起伏不平时，应按水平分层由低处开始逐层填筑，不得顺坡铺填；堤防横断面上的地面坡度陡于1∶5时，应削至缓于1∶5；分段作业面长度，机械施工时工段长不应小于100m；人工施工时段长可适当减短；作业面应分层统一铺土、统一碾压，并进行平整，界面处要相互搭接，严禁出现界沟；在软土堤基上筑堤时，如堤身两侧设有压载平台，则应按设计断面同步分层填筑；相邻施工段的作业面宜均衡上升，若段与段之间不可避免出现高差时，应以斜坡面相接，并按堤身接缝施工要点的要求作业。

已铺土料表面在压实前被晒干时，应洒水湿润；光面碾压的黏性土填筑层，在新层铺料前，应作刨毛处理；若发现局部“弹簧土”、层间光面、层间中空、松土层等质量问题时，应及时进行处理，并经检验合格后，方可铺填新土；在软土地基上筑堤，或用较高含水量土料填筑堤身时，应严格控制施工速度，必要时应在地基、坡面设置沉降和位移观测点，根据观测资料分析结果，指导安全施工。堤身全断面填筑完毕后，应作整坡压实及削坡处理，并对堤防两侧护堤地面的坑洼进行铺填平整。

铺料作业的要求。铺料前应将已压实层的压光面层刨毛，含水量应适宜，过干时要洒水湿润。铺料要求均匀、平整。每层铺料厚度和土块直径的限制尺寸应通过碾压试验确定。在缺乏试验资料时，可按表4-24中的厚度控制（但应通过压实效果验证）；严禁沙（砾）料或其他透水料与黏性土料混杂，上堤土料中的杂质应当清除。

表4-24　不同碾压机具土料块径和铺土厚度控制参考表

压实机具类型	碾压机具	土块限制块径/cm	每层铺土厚度/cm
轻型	人工夯、机械夯	≤5	15～20
	5～10t平碾或凸块碾	≤8	20～25
中型	12～15t平碾或凸块碾、5～8t振动碾、2.5m^{3}铲运机	≤10	25～30
重型	加载气胎碾、10～16t振动碾、大于7m^{3}铲运机	≤15	30～35

土料或砾质土可采用进占法或后退法卸料，砂砾料宜用后退法卸料；砂砾料或砾质土卸料时如发生颗粒分离现象，应将其拌和均匀。砂砾料分层铺填的厚度不宜超过30～35cm，用重型振动碾时，可适当加厚，但不超过60～80cm。

铺料至堤边时，应在设计边线外侧各超填一定余量。人工铺料宜为10cm，机械铺料宜为30cm；土料铺填与压实工序应连续进行，以免土料含水量变化过大影响填筑质量。

压实作业的要求。施工前应先做碾压试验，确定碾压参数，以保证碾压质量能达到设计干密度值；碾压时必须严格控制土料含水率。土料含水率应控制在最优含水率±3%范围内；分段填筑，各段应设立标志，以防漏压、欠压和过压。上下层的分段接缝位置应错开。分段、分片碾压时，相邻作业面的搭接碾压宽度，平行堤轴线方向不应小于0.5m，垂直堤轴线方向不应小于3m；砂砾料压实时，洒水量宜为填筑方量的20%～40%；中细砂压实时的洒水量应按最优含水率控制。

（四）冷再生技术与提防道路

黄河堤防标准化建设后，现有堤顶道路全部修筑为沥青路面，经过几年的运行，部分路面已出现损坏趋势；部分利用率高的道路已经损坏，严重的已经影响到路基。利用冷再生技术对堤防道路进行维修和基础改良，增加堤防道路使用寿命，提高道路强度是当今沥青路面翻修及修补的关键技术。

1．再生技术的分类及定义

沥青路面再生技术按照旧料再生方式的不同可以分为热再生和冷再生；按照旧料再生形成路面层位的不同可分为再生面层和再生基层或底基层；按照再生地点的不同可分为现场再生和厂拌再生等。本次主要对沥青路面就地（现场）冷再生技术进行调研。

沥青路面的冷再生，是指将废旧沥青路面材料（主要是面层材料，有时也包括部分基层材料）适当加工后进行重复利用，按比例加入一定量的水泥、石灰、泡沫沥青、乳化沥青等添加剂，需要时加入部分新骨料而制成的冷再生混合料。该技术是在自然环境温度下完成沥青路面的翻挖、破碎、新材料的添加、拌和、摊铺及压实成型，重新形成路面结构层的一种工艺方法。

根据《公路沥青路面再生技术规范》（JTG F41—2008）规定，沥青路面就地冷再生，适用于一、二、三级公路沥青路面的就地再生利用，用于高速公路时应进行论证。对于一、二级公路，再生层可作为下面层、基层；对于三级公路，再生层可作为面层、基层，用作上面层时应采用稀浆封层、碎石封层、微表处等做上封层。当使用水泥、石灰等作为再生结合料时，再生层只可作为基层。

2．冷再生施工过程

山东黄河堤防道路利用冷再生技术开工建设的项目有聊城金堤河干流河道治理工程堤防道路。以聊城北金堤堤防道路冷再生项目为例，冷再生施工护体过程如下。

（1）封闭交通。①提前在再生路段各路口设置标示牌，提醒司机及行人封闭交通的时间。②开始准备原路面时，完全封闭交通，禁止一切车辆通行。③整个施工及养护过程中，对再生施工路段完全封闭交通，除洒水车外，禁止任何车辆通行。

（2）施工放样。①在再生施工之前，在道路的两侧放置了一系列的控制桩，用来恢复道路的中心线。②控制桩的间距为20米。

（3）预布碎石。①碎石要求：采用5～10毫米和10～20毫米两种型号碎石。压碎值不大于30%，针片状颗粒含量不超过20%，不得含有黏土块、植物等有害物质。②碎石用量计算：根据配合比设计碎石料用量占混合料用量的22%，碎石堆积密度为1550kg/m^3，厚度为0.2m，计算每平米用量：0.2×1784×22%=78.5kg/m^2，每米摊铺碎石层厚度为78.5/1550×100=5.1cm。③摊铺碎石：路面两侧用钢钎插入路肩中，拉钢丝绳控制铺料高度为5.1cm，采用自卸车运输料，平地机整平。对于缺料处人工用手推车运料找平。为防止碎石被运输车碾碎，布料长度控制在1～2km范围内。

碎石与原路面拌和。碎石预布完成并经监理工程师验收合格后，采用两台冷再生机梯队作业将碎石与原路面材料拌和均匀，根据试验段成果，松铺系数为1.4，即拌和深度不小于28cm。行走速度控制在4～8m/min，两台机械前后保持20m以上安全作业距离，保持拌和搭接宽度重叠1/2以上。拌和完成后，用平地机整平并用单钢轮压路机静压2遍，保证基面平整。

（4）石灰撒布。①石灰要求：采用Ⅱ级钙质消石灰，石灰经过充分消解，过筛后用于工程。②石灰量计算：根据配合比设计石灰用量占混合料用量的8%，计算每延米用量：0.2×1784×8%×6.8=194.1kg，按照消石灰松方密度550kg/m^{3}计算，每延米石灰用量为194.1/550=0.353m^3。③石灰撒布：采用半自动布料斗布设，平地机将灰条分别向两侧摊铺均匀，紧跟人工对石灰进行局部整形，确保石灰均匀布散在作业面。

（5）石灰拌和与闷料。石灰撒布均匀并经监理工程师验收合格后，采用灰土拌和机将石灰拌和均匀，拌和速度控制在6～8m/min。拌和完成后，洒水并用钢轮压路机静压两遍进行闷料，闷料时间不小于6h。

（6）撒布水泥。①水泥要求：采用安阳湖波水泥有限公司生产的42.5袋装水泥，经检测合格后进场用于工程。②水泥用量计算：根据配合比设计水泥用量占混合料用量的4%，每延米用量：0.2×1784×4%×6.8=94.05kg。③布设水泥：按照每袋水泥50kg，同时考虑一定的保证系数，按每4m一方格进行控制，即每4m布设水泥8袋。水泥布设用人工推板刮匀。布水泥段落长度和冷再生机速度相适应，控制在冷再生机前70m左右，防止风、行车气流造成损失。

（7）冷再生机拌和。水泥布设完成并经监理工程师验收合格后，采用两台冷再生机梯队作业再次将各材料拌和均匀，拌和时将冷再生机连接洒水车，根据最佳含水率调整冷再生机上的自动化控制装置，保证拌和后的混合料含水率符合要求，一般实测含水率比配比含水率提高1%～2%。拌和深度不小于28cm。行走速度控制在4～8m/min，拌和搭接宽度重叠1/2以上。操作手随时观察再生机的行驶轨迹，保持行驶线形的顺直，从而保证前后两幅的搭接。冷再生机后配置专门人员时刻检测铣刨深度，试验人员对混合料的含水量进行检测，发现异常情况，及时通报操作手进行调整。

（8）排压。由于冷再生机自重很大，当再生机经过再生层后，轮迹深度可达5cm左右，且再生料被压实，而两轮间再生料未被压实。为保证再生层厚度的一致性，避免差异压实，采用履带式推土机排压2遍，可以在消除大部分轮迹的同时，将浮料压实，使其处于稳定状态。

（9）整平。排压后，测量人员根据纵断高程及横坡值，每10m一断面分左、中、右三点进行。对局部高差或横坡值达不到设计要求的部位用平地机进行整平，直至达到设计高程及横坡值的允许范围。

（10）碾压。通过试验段获取的技术参数采取的碾压方式为：单钢轮压路机静压1遍+单钢轮压路机强振4遍+胶轮碾静压1遍。由路肩向路中心碾压，重叠1/2轮宽，后轮超过两段的接缝处，后轮压完路面全宽时，即为一遍。

（11）养生。每一段碾压完成并经压实度检查合格后，立即开始养生，养生期不少于7天。整个养生期间始终保持底基层表面湿润。在养生期间除洒水车外，禁止其他车辆通行。

二、护岸护坡

护岸工程一般是布设在受水流冲刷严重的险工险段，其长度一般应从开始塌岸处至塌岸终止点，并加一定的安全长度。通常堤防护岸工程包括水上护坡和水下护脚两部分。水上与水下之分均指枯水施工期而言。护岸工程的原则是先护脚后护坡。

堤岸防护工程一般可分为坡式护岸（平顺护岸）、坝式护岸、墙式护岸等几种。

（一）坡式护岸

即顺岸坡及坡脚一定范围内覆盖抗冲材料，这种护岸形式对河床边界条件改变和对近岸水流条件的影响均较小，是一种较常采用的形式。

1. 护脚工程

下层护脚为护岸工程的根基，其稳固与否，决定着护岸工程的成败，实践中所强调的“护脚为先”就是对其重要性的经验总结。护脚工程及其建筑材料要求能抵御水流的冲刷及推移质的磨损；具有较好的整体性并能适应河床的变形；较好的水下防腐朽性能；便于水下施工并易于补充修复。经常采用的形式有抛石护脚、抛石笼护脚、沉排护脚等。

抛石护脚。抛石护脚是平顺坡式护岸下部固基的主要方法。其施工技术特性见表4-25。

表4-25 抛石护脚施工技术特性

技术要点	技术条件	技术要求
抛石粒径	岸坡1∶2，水深超过20m； 岸坡缓于1∶3，流速不大	粒径为20～45cm； 粒径为15～33cm
抛石厚度	抛石厚度应不小于抛石块径的2倍； 水深流急时宜为3～4倍	一般堤段为60～100cm； 重要堤段为80～100cm
抛石坡度	枯水位以下	抛石坡度为1∶1.5～1∶1.4

抛石护脚宜在枯水期组织施工。要严格按施工程序进行，设计好抛石船位置，

抛投由上游往下游，由远而近，先点后线，先深后浅，顺序渐进，自下而上分层均匀抛投。

抛石笼护脚。现场石块尺寸较小，抛投后可能被水冲走，可采用抛石笼的方法。石笼护脚多用于流速大于5.0m/s、岸坡较陡的岸段。预先以编织、扎绳索制成的铅丝网、钢筋网，在现场充填石料后抛投入水。石笼体积可达1.0～2.5m^3，具体大小由现场抛投手段和能力而定。抛投完成后，要全面进行一次水下探测，将笼与笼接头不严处用大块石抛填补齐。

铅丝石笼，其主要优点是可以充分利用较小粒径的石料，具有较大体积与质量，整体性和柔韧性能均较好，用于护岸时，可适应坡度较陡的河岸。

沉排护脚。沉排又叫柴排，它是一种用梢料制成的大面积的排状物，用块石压沉于近岸河床之上，以保护河床、岸坡免受水流淘刷的一种工程措施。

沉排是靠石块压沉的，石块的大小和数量，应通过计算大致确定。沉排护脚的主要优点是：整体性和柔韧性强，能适应河床变形，同时坚固耐用，具有较长的使用寿命，以往一般认为可达10～30年。

沉排的缺点主要是：成本高，用料多，制作技术和沉放要求较高，一旦散排上浮器材损失严重。另外要及时抛石维护，防止因排脚局部淘刷而造成柴排折断破坏。

沉枕护脚。抛沉柳石枕也是最常用的一种护脚工程形式，其结构是：先用柳枝、芦苇、秸料等扎成直径15cm、长5～10m左右的梢把（又称梢龙），每隔0.5m紧扎蔑子一道（或用16号铅丝捆扎），然后将其铺在枕架上，上面堆置块石，石块上再放梢把，最后用14号或12号铅丝捆紧成枕。枕体两端应装较大石块，并捆成布袋口形，以免枕石外漏。有时为了控制枕体沉放位置，在制作时，加穿心绳（三股8号铅丝绞成）；沉枕一般设计成单层，对个别局部陡坡险段，也可根据实际需要设计成双层或三层。

沉枕上端应在常年枯水位下0.5m，以防最枯水位时沉枕外露而腐烂，其上还应加抛接坡石。沉枕外脚，有可能因河床刷深而使枕体下滚或悬空折断，因此要加抛压脚石。为稳定枕体，延长使用寿命，最好在其上部加抛压枕石，压枕石一般平均厚0.5m。

沉枕护脚的主要优点是能使水下掩护层联结成密实体，又因具有一定的柔韧性，入水后可以紧贴河床，起到较好的防冲作用。同时也容易滞沙落淤，稳定性能较好，在我国黄河干、支流治河工程中被广泛采用。

2．护坡工程

护坡工程除受水流冲刷作用外，还要承受波浪的冲击及地下水外渗的侵蚀。其次，因处于河道水位变动区，时干时湿，这就要求其建筑材料坚硬、密实、能长期耐风化。

目前，常见的护坡工程结构形式有：干砌石护坡、浆砌石护坡、混凝土护坡、模袋混凝土护坡等。

干砌石护坡。①坡面较缓（1.0∶2.5～1.0∶3.0）、受水流冲刷较轻的坡面，采用单层干砌块石护坡或双层干砌块石护坡。②坡面有涌水现象时，应在护坡层下铺设15cm以上厚度的碎石、粗砂或砂砾作为反滤层。封顶用平整块石砌护。③干砌石护坡的坡度，根据土体的结构性质而定，土质坚实的砌石坡度可陡些，反之则应缓些。一般坡度1.0∶2.5～1.0∶3.0，个别可为1.0∶2.0。

浆砌石护坡。①坡度在1∶1～1∶2，或坡面位于沟岸、河岸，下部可能遭受水流冲刷，且洪水冲击力强的防护地段，宜采用浆砌石护坡；②浆砌石护坡由面层和起反滤层作用的垫层组成。面层铺砌厚度为25～35cm，垫层又分为单层和双层两种，单层厚5～15cm，双层厚20～25cm。原坡面如为砂、砾、卵石，可不设垫层；③对长度较大的浆砌石护坡，应沿纵向每隔10～15m设置一道宽约2cm的伸缩缝，并用沥青或木条填塞。

混凝土护坡。①在边坡坡脚可能遭受强烈洪水冲刷的陡坡段，采取混凝土（或钢筋混凝土）护坡，必要时需加锚固定；②混凝土护坡施工工序有：测量、放线、修整夯实边坡、开挖齿坎、滤水垫层、立模、混凝土浇筑、养护等，并注意预留排水孔；③预制混凝土块施工工序为：预制混凝土块，测量放线，整平夯实边坡，开挖齿坎，铺设垫层，混凝土砌筑，勾缝养护。

模袋混凝土护坡。①清整浇筑场地。清除坡面杂物，平整浇筑面；②模袋铺设。开挖模袋埋固沟后，将模袋从坡上往坡下铺放；③充填模袋。利用灌料泵自下而上，按左、右、中灌入孔次序充填。充填约1h后，清除模袋表面漏浆，设渗水孔管。回填埋固沟，并按规定要求养护。

（二）坝式护岸

坝式护岸是指修建丁坝、顺坝，将水流挑离堤岸，以防止水流、波浪或潮汐对堤岸边坡的冲刷，这种形式多用于游荡性河流的护岸。

坝式防护分为丁坝、顺坝、丁顺坝、潜坝四种形式，坝体结构基本相同。丁坝护岸的要点如下：

丁坝是一种间断性的有重点的护岸形式，具有调整水流的作用。在河床宽阔、水浅流缓的河段，常采用这种护岸形式。

丁坝坝头底脚常有垂直旋涡发生，以致冲刷为深塘，故坝前应予以保护或将坝头构筑坚固，丁坝坝根需埋入堤岸内。

（三）墙式护岸

墙式护岸是指顺堤岸修筑竖直陡坡式挡墙，这种形式多用于城区河流或海岸防护。

在河道狭窄，堤外无滩且易受水冲刷，受地形条件或已述建筑物限制的重要堤段，常采用墙式护岸。

墙式防护（防洪墙）分为重力式挡土墙、扶壁式挡土墙、悬臂式挡土墙等形式。墙式护岸一般临水侧采用直立式，在满足稳定要求的前提下，断面应尽量减小，以减少工程量和少占地为原则。墙体材料可采用钢筋混凝土、混凝土和浆砌石等。墙基应嵌入堤岸护脚一定深度，以满足墙体和堤岸整体抗滑稳定及抗冲刷的要求。如冲刷深度大，还需采取抛石等护脚固基措施，以减少基础埋深。

混凝土护岸可采用大型模板或拉模浇筑，按规范施工。

第五章 水利工程水闸及渠系建筑物施工

第一节 水闸施工技术

一、水闸的组成及布置

水闸是一种低水头的水工建筑物，它具有挡水和泄水的双重作用，用以调节水位、控制流量。

（一）水闸的类型

水闸有不同的分类方法。既可按其承担的任务分类，也可按其结构形式、规模等分类。

1．按水闸承担的任务分类

水闸按其所承担的任务，可分为6种，如图5-1所示。

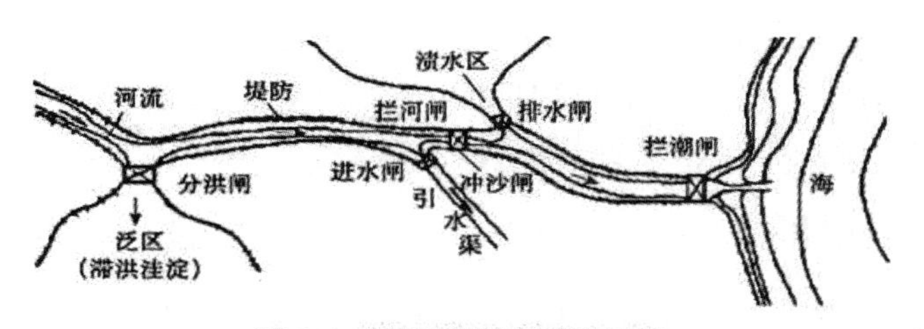

图5-1 水闸的类型及位置示意图

（1）拦河闸。建于河道或干流上，拦截河流。拦河闸控制河道下泄流量，又称为节制闸。枯水期拦截河道，抬高水位，以满足取水或航运的需要，洪水期则提闸泄洪，控制下泄流量。

（2）进水闸。建在河道，水库或湖泊的岸边，用来控制引水流量。这种水闸有开敞式及涵洞式两种，常建在渠首。进水闸又称取水闸或渠首闸。

（3）分洪闸。常建于河道的一侧，用以分泄天然河道不能容纳的多余洪水进入到湖泊、洼地，以削减洪峰，确保下游安全。分洪闸的特点是泄水能力很大，而经常没有水的作用。

（4）排水闸。常建于江河沿岸，防江河洪水倒灌；河水退落时又可开闸排洪。排水闸双向均可能泄水，所以前后都可能承受水压力。

（5）挡潮闸。建在入海河口附近，涨潮时关闸防止海水倒灌，退潮时开闸泄水，具有双向挡水特点。

（6）冲沙闸。建在多泥沙河流上，用于排除进水闸、节制闸前或渠系中沉积的泥沙，减少引水水流的含沙量，防止渠道和闸前河道淤积。

2．按闸室结构形式分类

水闸按闸室结构形式可分为开敞式、胸墙式及涵洞式等，如图5-2所示。

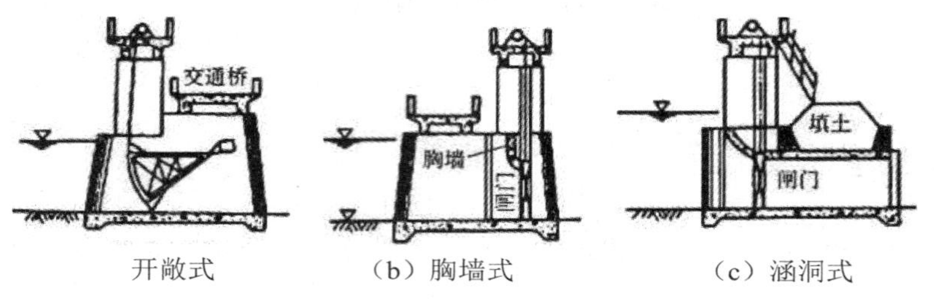

开敞式　（b）胸墙式　（c）涵洞式

图5-2　闸室结构形式

（1）开敞式。过闸水流表面不受阻挡，泄流能力大。

（2）胸墙式。闸门上方设有胸墙，可以减少挡水时闸门上的力，增加挡水变幅。

（3）涵洞式。闸门后为有压或无压洞身，洞顶有填土覆盖。多用于小型水闸及穿堤取水情况。

3．按水闸规模分类

（1）大型水闸。泄流量大于1000m^3/s。

（2）中型水闸。泄流量为100～1000m^3/s。

（3）小型水闸。泄流量小于100m^3/s。

（二）水闸的组成

水闸一般由闸室段、上游连接段和下游连接段三部分组成，如图5-3所示。

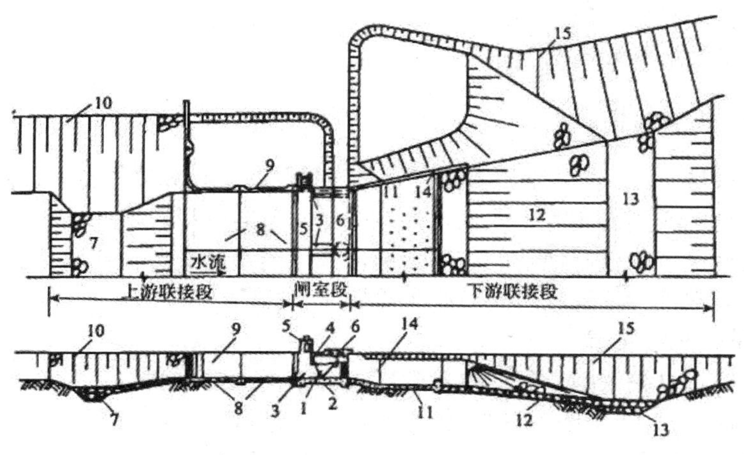

图5-3　水闸组成图

1．闸门；2．底板；3．闸墩；4．胸墙；5．工作桥；6．交通桥；7．上游防冲槽；8．铺盖；9.上游翼墙；10．上游护坡；11．护坦（消力池）；12．海漫；13．下游防冲槽；14．下游翼墙；15．下游两岸护坡

1．闸室段

闸室是水闸的主体部分，其作用是：控制水位和流量，兼有防渗防冲作用。闸室段结构包括：闸门、闸墩、底板、胸墙、工作桥、交通桥、启闭机等。

闸门用来挡水和控制过闸流闸墩，用来分隔闸孔和支承闸门、胸墙、工作桥、交通桥等。闸墩将闸门、胸墙以及闸墩本身挡水所承受的水压力传递给底板。胸墙设于工作闸门上部，帮助闸门挡水。

底板是闸室段的基础，它将闸室上部结构的重量及荷载传至地基。建在软基上的闸室主要由底板与地基间的摩擦力来维持稳定。底板还有防渗和防冲的作用。

工作桥和交通桥用来安装启闭设备、操作闸门和联系两岸交通。

2．上游连接段

上游连接段处于水流行进区，主要作用是引导水流从河道平稳地进入到闸室，保护两岸及河床免遭冲刷，同时有防冲、防渗的作用。一般包括上游翼墙、铺盖、上游防冲槽和两岸护坡等。

上游翼墙的作用是导引水流，使之平顺地流入闸孔；抵御两岸填土压力，保护闸前河岸不受冲刷；并有侧向防渗的作用。

铺盖主要起防渗作用，其表面还应进行保护，以满足防冲要求。

上游两岸要适当进行护坡，其目的是保护河床两岸不受冲刷。

3．下游连接段

下游连接段的作用是消除过闸水流的剩余能量，引导出闸水流均匀扩散，调整流速分布和减缓流速，防止水流出闸后对下游的冲刷。

下游连接段包括护坦（消力池）、海漫、下游防冲槽、下游翼墙、两岸护坡等。下游翼墙和护坡的基本结构和作用同上游。

（三）水闸的防渗

水闸建成后，由于上、下游水位差，在闸基及边墩和翼墙的背水一侧产生渗流。渗流对建筑物的不利影响，主要表现为：降低闸室的抗滑稳定性及两岸翼墙和边墩的侧向稳定性；可能引起地基的渗透变形，严重的渗透变形会使地基受到破坏，甚至失事；损失水量；使地基内的可溶物质加速溶解。

1．地下轮廓线布置

地下轮廓线是指水闸上游铺盖和闸底板等不透水部分和地基的接触线。地下轮廓线的布置原则是：“上防下排”，即在闸靠近上游侧以防渗为主，采取水平防渗或垂直防渗措施，阻截渗水，消耗水头。在下游侧以排水为主，尽快排除渗水、降低渗压。

地下轮廓布置与地基土质有密切关系，分述如下。

（1）黏性土地基地下轮廓布置

黏性土壤具有凝聚力，不易产生管涌，但摩擦系数较小。因此，布置地下轮廓线，主要考虑降低渗透压力，以提高闸室稳定性。闸室上游宜设置水平钢筋混凝土或黏土铺盖，或土工膜防渗铺盖，闸室下游护坦底部应设滤层，下游排水可延伸到闸底板下，如图5-4所示。

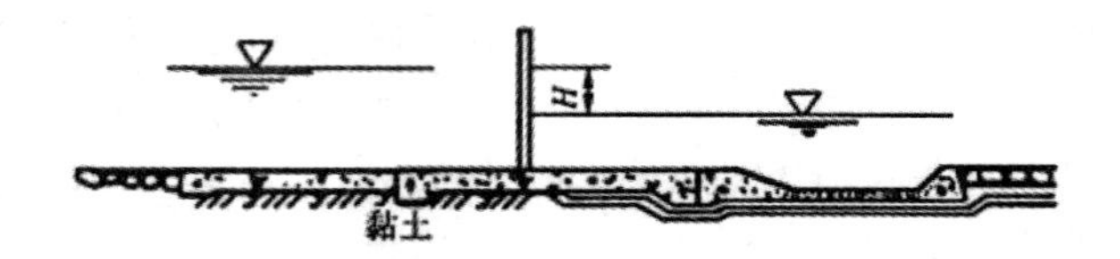

图5-4　黏性土地基的地下轮廓线布置

（2）沙性土地基地下轮廓布置

沙性土地基正好与黏性土地基相反，底板与地基之间摩擦系数较大，有利闸室稳定，但土壤颗粒之间无黏着力或黏着力很小，易产生管涌，故地下轮廓线布置的控制因素是如何防止渗透变形。

当地基砂层很厚时，一般采用铺盖加板桩的形式来延长渗径，以达到降低渗透坡降和渗透流速。板桩多设在底板上游一侧的齿墙下端。如设置一道板桩不能满足渗径要求时，可在铺盖前端增设一道短板桩，以加长渗径，如图5-5（a）所示。

当砂层较薄，其下部又有相对不透水层时，可用板桩切入不透水层，切入深度一般不应小于1.0m，如图5-5（b）所示。

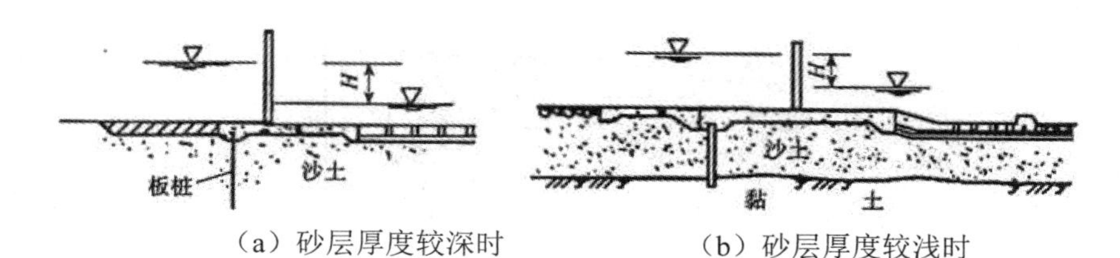

（a）砂层厚度较深时　　（b）砂层厚度较浅时

图5-5　沙性地基上地下轮廓布置

2．防渗排水设施

防渗设施是指构成地下轮廓的铺盖、板桩及齿墙，而排水设施指铺设在护坦、浆砌石海漫底部或闸底板下游段起导渗作用的砂砾石层。排水常与反滤结合使用。

水闸的防渗有水平防渗和垂直防渗两种。水平防渗措施为铺盖，垂直防渗措施有板桩、灌浆帷幕、齿墙和混凝土防渗墙等。

（1）铺盖

铺盖有黏土和黏壤土铺盖、沥青混凝土铺盖、钢筋混凝土铺盖等。

1）黏土和黏壤土铺盖。铺盖与底板连接处为一薄弱部位，通常是在该处将铺盖加厚；将底板前端做成倾斜面，使黏土能借自重及其上的荷载与底板紧贴；在连接处铺设油毛毡等止水材料，一端用螺栓固定在斜面上，另一端埋入黏土中，为了防止铺盖在施工期遭受破坏和运行期间被水流冲刷，应在其表面铺砂层，然后在砂层上再铺设单层或双层块石护面。

2）沥青混凝土铺盖。沥青混凝土铺盖的厚度一般为5～10cm，在与闸室底板连接处应适当加厚，接缝多为搭接形式。为提高铺盖与底板间的黏结力，可在底板混凝土面先涂一层稀释的沥青乳胶，再涂一层较厚的纯沥青。沥青混凝土铺盖可以不分缝，但要分层浇筑和压实，各层的浇筑缝要错开。

3）钢筋混凝土铺盖。钢筋混凝土铺盖的厚度不宜小于0.4m，在与底板连接处应加厚至0.8～1.0m，并用沉降缝分开，缝中设止水。在顺水流和垂直水流流向均应设沉降缝，间距不宜超过15～20m，在接缝处局部加厚，并设止水。用作阻滑板的钢筋混凝土铺盖，在垂直水流流向仅有施工缝，不设沉降缝。

（2）板桩

板桩长度视地基透水层的厚度而定。当透水层较薄时，用板桩截断，并插入不透水层至少1.0m；若不透水层埋藏很深，则板桩的深度一般采用0.6～1.0倍水头。用作板桩的材料有木材、钢筋混凝土及钢材三种。

板桩与闸室底板的连接形式有两种，一种是把板桩紧靠底板前缘，顶部嵌入黏土铺盖一定深度，见图5-6（a）；另一种是把板桩顶部嵌入底板底面特设的凹槽内，桩顶填塞可塑性较大的不透水材料，见图5-6（b）。前者适用于闸室沉降量较大、而板桩尖已插入到坚实土层的情况；后者则适用于闸室沉降小，而板桩桩尖未达到坚实土层的情况。

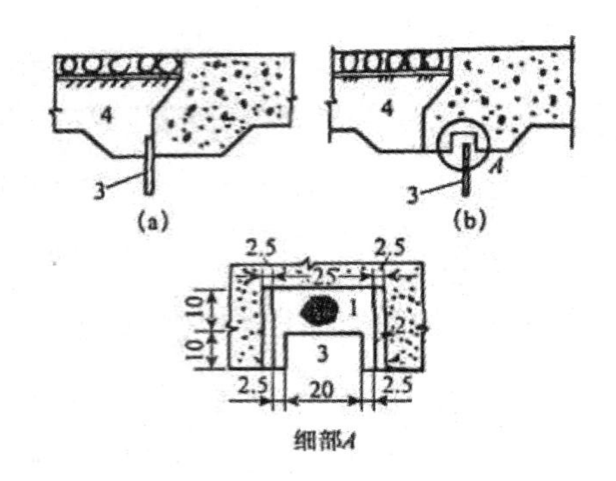

图5-6　板桩与地板的连接（单位：cm）

1．沥青；2．预制挡板；3．板桩；4．铺盖

（3）齿墙

闸底板的上、下游端一般均设有浅齿墙，用来增强闸室的抗滑稳定，并可延长渗径。齿墙深一般在1.0m左右。

（4）其他防渗设施

垂直防渗设施在我国有较大进展，就地浇筑混凝土防渗墙、灌注式水泥砂浆帷幕以及用高压旋喷法构筑防渗墙等方法已成功地用于水闸建设。

（5）排水及反滤层

排水一般采用粒径1～2cm的卵石、砾石或碎石平铺在护坦和浆砌石海漫的底部，或伸入到底板下游齿墙稍前方，厚约0.2～0.3m。在排水与地基接触处（渗流出口附近）容易发生渗透变形，应做好反滤层。

（四）水闸的消能防冲设施与布置

水闸泄水时，部分势能转为动能，流速增大，而土质河床抗冲能力低，所以，闸下冲刷是一个普遍的现象。为了防止下泄水流对河床的轮番冲刷，除了加强运行管理外，还必须采取必要的消能、防冲等工程措施。水闸的消能防冲设施有下列主要形式。

1．底流消能工

平原地区的水闸，由于水头低，下游水位变幅大，一般都采用底流式消能。消力池是水闸的主要消能区域。

底流消能工的作用是通过在闸下产生一定淹没度的水跃来保护水跃范围内的河床免遭冲刷。

当尾水深度不能满足要求时，可采取降低护坦高程；在护坦末端设消力坎；既降低护坦高程又建消力坎等措施形成消力池。有时还可在护坦上设消力墩等辅助消能工。

消力池布置在闸室之后，池底与闸室底板之间，用1∶3～1∶4的斜坡连接。为防止产生波状水跃，可在闸室之后留一水平段，并在其末端设置一道小槛，如图5-7（a）

所示；为防止产生折冲水流，还可在消力池前端设置散流墩，如图5-7（b）所示。如果消力池深度不大（1.0m左右），常把闸门后的闸室底板用1∶3的坡度降至消力池底的高程，作为消力池的一部分。

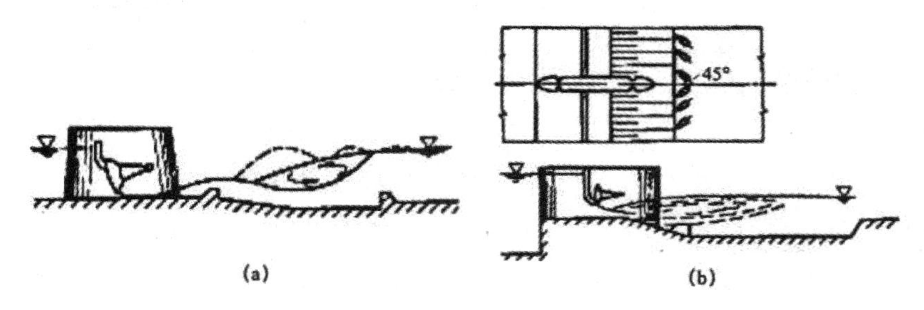

图5-7　小槛及散流墩布置示意图

消力池末端一般布置尾槛，用以调整流速分布，减小出池水流的底部流速，且可在槛后产生小横轴旋滚，防止在尾槛后发生冲刷，并有利于平面扩散和消减下游边侧回流，如图5-8所示。

在消力池中除尾坎外，有时还设有消力墩等辅助消能工，用以使水流受阻，给水流以反力，在墩后形成涡流，加强水跃中的紊流扩散，从而达到稳定水跃，减小和缩短消力池深度和长度的作用，如图5-9所示。

消力墩可设在消力池的前部或后部，但消能作用不同。消力墩可做成矩形或梯形，设两排或三排交错排列，墩顶应有足够的淹没水深，墩高约为跃后水深的1/5～1/3。在出闸水流流速较高的情况下，宜采用设在后部的消力墩。

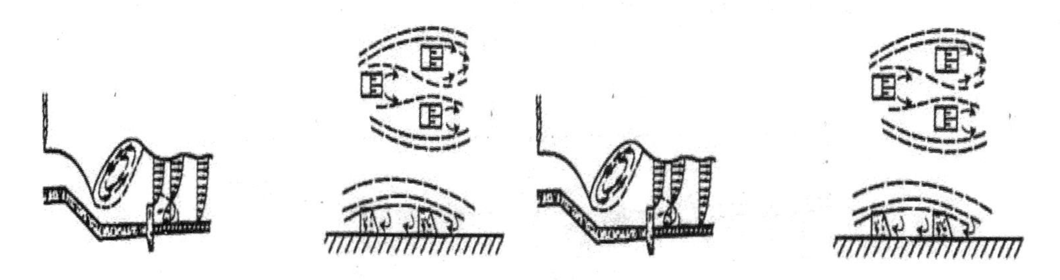

图5-8　消力池尾槛后的流速分布　　图5-9　辅助消能工对水流的紊动作用

2．海漫

护坦后设海漫等防冲加固设施，以使水流均匀扩散，并将流速分布逐步调整到接近天然河道的水流形态（如图5-10所示）。

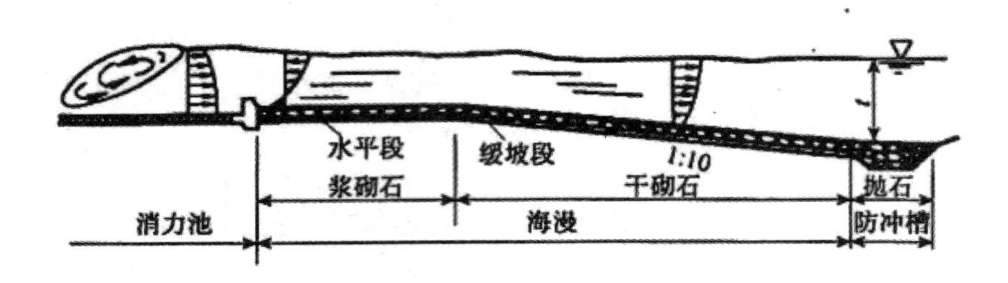

图5-10　海漫布置及其流速分布示意图

一般在海漫起始段做5～10m长的水平段，其顶面高程可与护坦齐平或在消力池尾坎顶以下0.5m左右，水平段后做成不陡于1∶10的斜坡，以使水流均匀扩散，调整流速分布，保护河床不受冲刷。

对海漫的要求：表面有一定的粗糙度，以利于进一步消除余能；具有一定的透水性，以便使渗水自由排出，降低扬压力；具有一定的柔性，以适应下游河床可能的冲刷变形。

常用的海漫结构有以下几种：干砌石海漫、浆砌石海漫、混凝土板海漫、钢丝石笼海漫及其他形式海漫。

3．防冲槽及末端加固

为保证安全和节省工程量，常在海漫末端设置防冲槽、防冲墙或采用其他加固设施。

防冲槽。在海漫末端预留足够的粒径大于30cm的石块，当水流冲刷河床，冲刷坑向预计的深度逐渐发展时，预留在海漫末端的石块将沿冲刷坑的斜坡陆续滚下，散铺在冲坑的上游斜坡上，自动形成护面，使冲刷不再向上扩展，如图5-11所示。

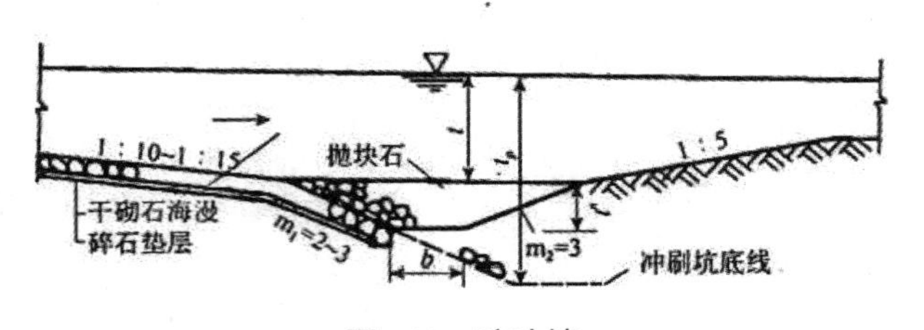

图5-11　防冲墙

（2）防冲墙。防冲墙有齿墙、板桩、沉井等形式。齿墙的深度一般为1～2m，适用于冲坑深度较小的工程。如果冲深较大，河床为粉、细砂时，则采用板桩、井柱或沉井。

4．翼墙与护坡

在与翼墙连接的一段河岸，由于水流流速较大和回流旋涡，需加做护坡。护坡在靠近翼墙处常做成浆砌石的，然后接以干砌石的，保护范围稍长于海漫，包括预计冲刷坑的侧坡。干砌石护坡每隔6～10m设置混凝土埂或浆砌石埂一道，其断面尺寸约为30cm×60cm。在护坡的坡脚以及护坡与河岸土坡交接处应做一深0.5m的齿墙，以防回流淘刷和保护坡顶。护坡下面需要铺设厚度各为10cm的卵石及粗砂垫层。

（五）闸室的布置和构造

闸室由底板、闸墩、闸门、胸墙、交通桥及工作桥等组成。其布置应考虑分缝及止水。

1．底板

常用的闸室底板有水平底板和反拱底板两种类型。

对多孔水闸，为适应地基不均匀沉降和减小底板内的温度应力，需要沿水流方向用横缝（温度沉降缝）将闸室分成若干段，每个闸段可为单孔、两孔或三孔，如图5-12（a）所示。

横缝设在闸墩中间，闸墩与底板连在一起的，称为整体式底板。整体式底板闸孔两侧闸墩之间不会出现过大的不均匀沉降，对闸门启闭有利，用得较多。整体式底板常用实心结构；当地基承载力较差，如只有30～40kPa时，则需考虑采用刚度大、重量轻的箱式底板。

在坚硬、紧密或中等坚硬、紧密的地基上，单孔底板上设双缝，将底板与闸墩分开的，称为分离式底板，如图5-12（b）所示。分离式底板闸室上部结构的重量将直接由闸墩或连同部分底板传给地基。底板可用混凝土或浆砌块石建造，当采用浆砌块石时，应在块石表面再浇一层厚约15cm、强度等级为C15的混凝土或加筋混凝土，以使底板表面平整并具有良好的防冲性能。

如在地基较好，相邻闸墩之间不致出现不均匀沉降的情况下，还可将横缝设在闸孔底板中间，如图5-12（c）所示。

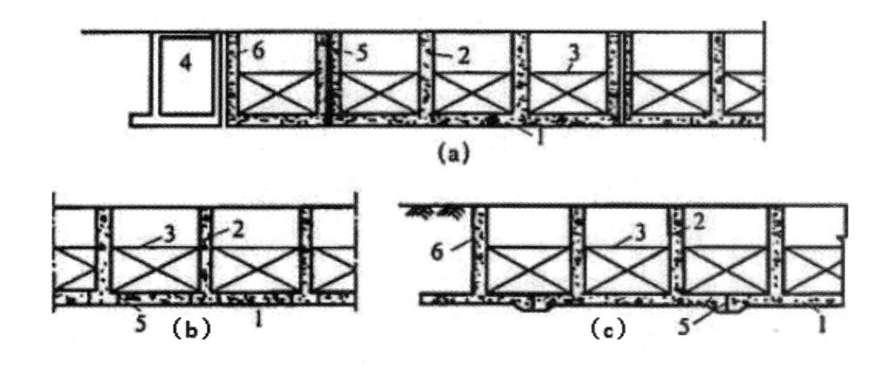

图5-12　水平底板

1．底板；2．闸墩；3．闸门；4．空箱式岸墙；5．温度沉降缝；6．边墩

2．闸墩

如闸墩采用浆砌块石，为保证墩头的外形轮廓，并加快施工进度，可采用预制

构件。大、中型水闸因沉降缝常设在闸墩中间，故墩头多采用半圆形，有时也采用流线型闸墩。有些地区采用框架式闸墩，如图5-13所示。这种形式既可节约钢材，又可降低造价。

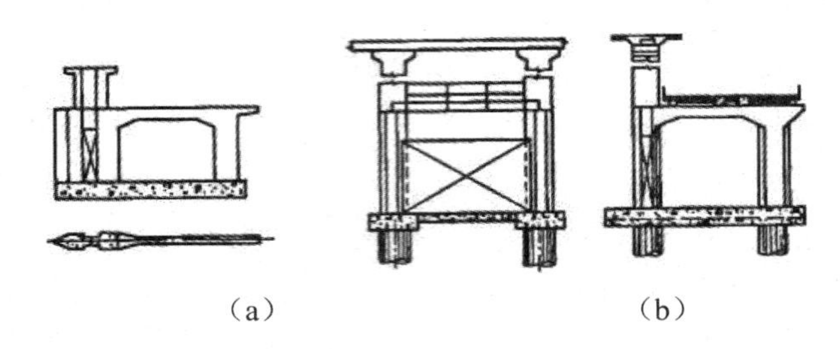

图5-13　框架式闸墩

3．闸门

闸门在闸室中的位置与闸室稳定、闸墩和地基应力以及上部结构的布置有关。平面闸门一般设在靠上游侧，有时为了充分利用水重，也可移向下游侧。弧形闸门为不使闸墩过长，需要靠上游侧布置。

平面闸门的门槽深度决定于闸门的支承形式，检修门槽与工作门槽之间应留有1.0～3.0m净距，以便检修。

4．胸墙

胸墙一般做成板式或梁板式，如图5-14所示。板式胸墙适用于跨度小于5.0m的水闸。墙板可做成上薄下厚的楔形板[如图5-14（a）所示]。跨度大于5.0m的水闸可采用梁板式，由墙板、顶梁和底梁组成[如图5-14（b）所示]。当胸墙高度大于5.0m，且跨度较大时，可增设中梁及竖梁构成肋形结构[如图5-14（c）所示]。

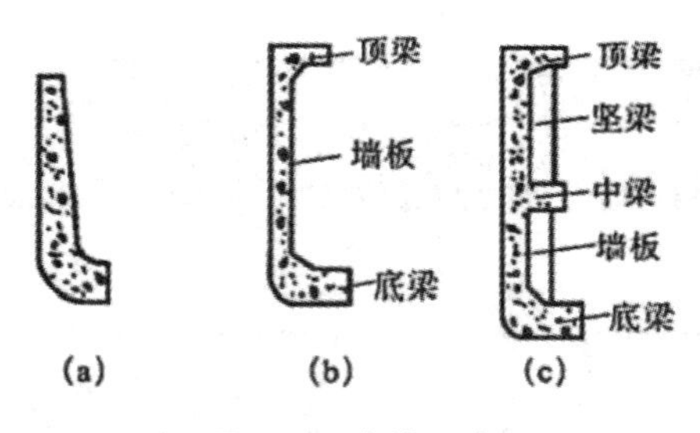

图5-14　胸墙形式

胸墙的支承形式分为简支式和固结式两种，如图5-15所示。简支胸墙与闸墩分开浇筑，缝间涂沥青；也可将预制墙体插入到闸墩预留槽内，做成活动胸墙。固结式胸墙与闸墩同期浇筑，胸墙钢筋伸入到闸墩内，形成刚性连接，截面尺寸较小，可以增强闸室的整体性，但受温度变化和闸墩变位影响，容易在胸墙支点附近的迎水面产生裂缝。整体式底板可用固结式，分离式底板多用简支式。

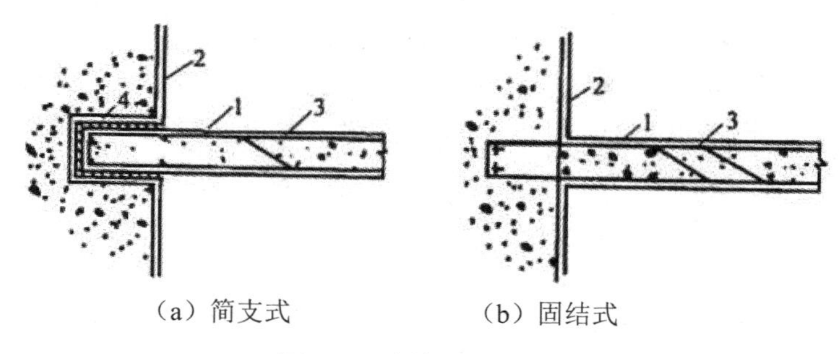

（a）简支式　　（b）固结式

图5-15　胸墙的支承形式

1. 胸墙；2. 闸墩；3. 钢筋；4. 涂沥青

5. 交通桥及工作桥

交通桥一般设在水闸下游一侧，可采用板式、梁板式或拱形结构。为了安装闸门启闭机和便于操作管理，需要在闸墩上设置工作桥。小型水闸的工作桥一般采用板式结构；大、中型水闸多采用装配式梁板结构。

6. 分缝方式及止水设备

（1）分缝方式与布置

为了防止和减少由于地基不均匀沉降、温度变化和混凝土干缩引起底板断裂和裂缝，对于多孔水闸需要沿轴线每隔一定距离设置永久缝。缝距不宜过大或过小。

整体式底板的温度沉降缝设在闸墩中间，一孔、二孔或三孔成为一个独立单元。靠近岸边，为了减轻墙后填土对闸室的不利影响，特别是当地质条件较差时，最好采用单孔，再接二孔或三孔的闸室。若地基条件较好，也可将缝设在底板中间或在单孔底板上设双缝。

为避免相邻结构由于荷重相差悬殊产生不均匀沉降，也要设缝分开，如铺盖与底板、消力池与底板以及铺盖、消力池与翼墙等连接处都要分别设缝。此外，混凝土铺盖及消力池本身也需设缝分段、分块。

（2）止水设备

止水分铅直止水及水平止水两种。前者设在闸墩中间，边墩与翼墙间以及上游翼墙本身；后者设在铺盖、消力池与底板和翼墙、底板与闸墩间以及混凝土铺盖及消力池本身的温度沉降缝内。

（六）水闸与两岸的连接建筑物的形式和布置

水闸与两岸的连接建筑物主要包括边墩（或边墩和岸墙）、上、下游翼墙和防渗刺墙，其布置应考虑防渗、排水设施。

1. 边撤和岸墙

建在较为坚实的地基上、高度不大的水闸，可用边墩直接与两岸或土坝连接。边墩与闸底板的连接，可以是整体式或分离式的，视地基条件而定。边墩可做成重力式、悬臂式或扶壁式。

在闸身较高且地基软弱的条件下，如仍用边墩直接挡土，则由于边墩与闸身地基所受的荷载相差悬殊，可能产生较大的不均匀沉降，影响闸门启闭，在底板内引起较大的应力，甚至产生裂缝。此时，可在边墩背面设置岸墙。边墩与岸墙之间用缝分开，边墩只起支承闸门及上部结构的作用，而土压力则全部由岸墙承担。岸墙可做成悬臂式、扶壁式、空箱式或连拱式。

2．翼墙

上游翼墙的平面布置要与上游进水条件和防渗设施相协调，上端插入岸坡，墙顶要超出最高水位至少0.5～1.0m。当泄洪过闸落差很小，流速不大时，为减小翼墙工程量，墙顶也可淹没在水下。如铺盖前端设有板桩，还应将板桩顺翼墙底延伸到翼墙的上游端。

根据地基条件，翼墙可做成重力式、悬臂式、扶臂式或空箱式等。在松软地基上，为减小边荷载对闸室底板的影响，在靠近边墩的一段，宜用空箱式。

常用的翼墙布置有曲线式[图5-16（a）、（b）]、扭曲面式[图5-16（c）]、斜降式[图5-16（d）]等几种形式。

对边墩不挡土的水闸，也可不设翼墙，采用引桥与两岸连接，在岸坡与引桥桥墩间设固定的挡水墙。在靠近闸室附近的上、下游两侧岸坡采用钢筋混凝土、混凝土或浆砌块石护坡，再向上、下游延伸接以块石护坡。

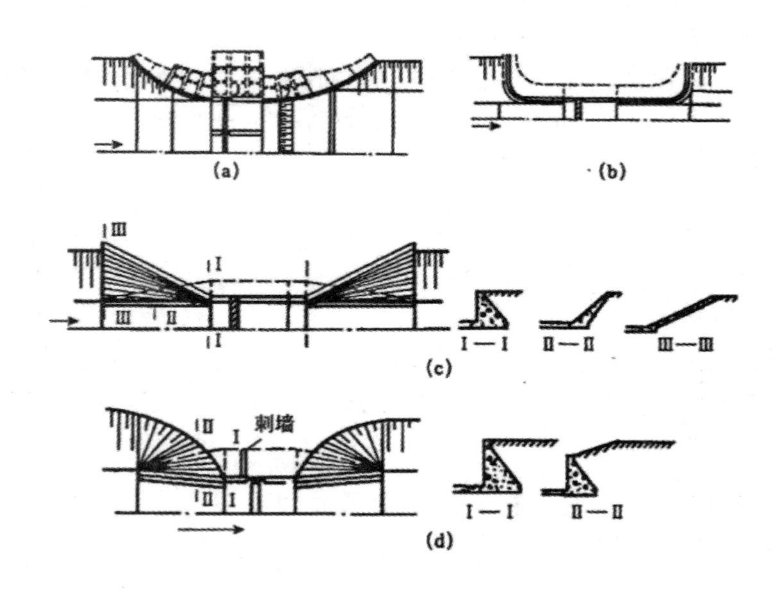

图5-16　翼墙形式

3．刺墙

当侧向防渗长度难以满足要求时，可在边墩后设置插入岸坡的防渗刺墙。有时为防止在填土与边墩、翼墙接触面间产生集中渗流，也可作一些短的刺墙。

4．防渗、排水设施

两岸防渗布置必须与闸底地下轮廓线的布置相协调。要求上游翼墙与铺盖以及翼墙插入岸坡部分的防渗布置，在空间上连成一体。若铺盖长于翼墙，在岸坡上也应设铺盖，或在伸出翼墙范围的铺盖侧部加设垂直防渗设施。

在下游翼墙的墙身上设置排水设施，形式有排水孔、连续排水垫层。

二、水闸主体结构的施工技术

水闸主体结构施工主要包括闸身上部结构预制构件的安装以及闸底板、闸墩、止水设施和门槽等方面的施工内容。

为了尽量减少不同部位混凝土浇筑时的相互干扰，在安排混凝土浇筑施工次序时，可从以下几个方面考虑：

（1）先深后浅。先浇深基础，后浇浅基础，以避免浅基础混凝土产生裂缝。

（2）先重后轻。荷重较大的部位优先浇筑，待其完成部分沉陷后，再浇相邻荷重较小的部位，以减小两者之间的不均匀沉陷。

（3）先主后次。优先浇筑上部结构复杂、工种多、工序时间长、对工程整体影响大的部位或浇筑块。

（4）穿插进行。在优先安排主要关键项目、部位的前提下，见缝插针，穿插安排一些次要、零星的浇筑项目或部位。

（一）底板施工

水闸底板有平底板与反拱底板两种，平底板为常用底板。这两种闸底板虽都是混凝土浇筑，但施工方法并不一样，下面分别予以介绍。平底板的施工总是先于墩墙，而反拱底板的施工，一般是先浇墩墙，预留联结钢筋，待沉陷稳定后再浇反拱底板。

1．平底板的施工

（1）浇注块划分

混凝土水闸常由沉降缝和温度缝分为许多结构块，施工时应尽量利用结构缝分块。当永久缝间距很大，所划分的浇筑块面积太大，以致混凝土拌和运输能力或浇筑能力满足不了需要时，则可设置一些施工缝，将浇筑块面积划小些。浇注块的大小，可根据施工条件，在体积、面积及高度三个方面进行控制。

（2）混凝土浇筑

闸室地基处理后，软基上多先铺筑素混凝土垫层8～10cm，以保护地基，找平基面。浇筑前先进行扎筋、立模、搭设仓面脚手架和清仓等工作。

浇筑底板时，运送混凝土入仓的方法很多。可以用载重汽车装载立罐通过履带式起重机吊运入仓，也可以用自卸汽车通过卧罐、履带式起重机入仓。采用上述两种方法时，都不需要在仓面搭设脚手架。

一般中小型水闸采用手推车或机动翻斗车等运输工具运送混凝土入仓，且需在仓面设脚手架。

水闸平底板的混凝土浇筑，一般采用平层浇筑法。但当底板厚度不大，拌和站的生产能力受到限制时，亦可采用斜层浇筑法。

底板混凝土的浇筑，一般先浇上、下游齿墙，然后再从一端向另一端浇筑。当底板混凝土方量较大，且底板顺水流长度在12m以内时，可安排两个作业组分层浇筑。首先两组同时浇筑下游齿墙，待齿墙浇平后，将第二组调至上游齿墙，另一组自下游向上游开浇第一坯底板。上游齿墙组浇完，立即调到下游开浇第二坯，而第一坯组浇完又调头浇第三坯。这样交替连环浇注可缩短每坯间隔时间，加快进度，避免产生冷缝。

钢筋混凝土底板，往往有上下两层钢筋。在进料口处，上层钢筋易被砸变形。故开始浇筑混凝土时，该处上层钢筋可暂不绑扎，待混凝土浇筑面将要到达上层钢筋位置时，再进行绑扎，以免因校正钢筋变形而延误浇筑时间。

2．反拱底板的施工

（1）施工程序

由于反拱底板对地基的不均匀沉陷反应敏感，因此必须注意施工程序。目前采用的有下述两种方法。

1）先浇筑闸墩及岸墙，后浇反拱底板。为减少水闸各部分在自重作用下产生不均匀沉陷，造成底板开裂破坏，应尽量将自重较大的闸墩、岸墙先浇筑到顶（以基底不产生塑性为限）。接缝钢筋应预埋在墩墙底板中，以备今后浇入反拱底板内。岸墙应及早夯填到顶，使闸墩岸墙地基预压沉实。此法目前采用较多，对于黏性土或砂性土均可采用。

2）反拱底板与闸墩岸墙底板同时浇筑。此法适用于地基较好的水闸，虽然对反拱底板的受力状态较为不利，但其保证了建筑的整体性，同时减少了施工工序，便于施工安排。对于缺少有效排水措施的砂性土地基，采用此法较为有利。

（2）施工要点

1）由于反拱底板采用土模，因此必须做好基坑排水工作。尤其是沙土地基，不做好排水工作，拱模控制将很困难。

2）挖模前将基土夯实，再按设计要求放样开挖；土模挖好后，在其上先铺一层约10cm厚的砂浆，具有一定强度后加盖保护，以待浇筑混凝土。

3）采用第一种施工程序，在浇筑岸、墩墙底板时，应将接缝钢筋一头埋在岸、墩墙底板之内，另一头插入土模中，以备下一阶段浇入反拱底板。岸、墩墙浇筑完毕后，应尽量推迟底板的浇筑，以便岸、墩墙基础有更多的时间沉实。反拱底板尽量在低温季节浇筑，以减小温度应力，闸墩底板与反拱底板的接缝按施工缝处理，以保证其整体性。

4）当采用第二种施工程序时，为了减少不均匀沉降对整体浇筑的反拱底板的不利影响，可在拱脚处预留一缝，缝底设临时铁皮止水，缝顶设“假铰”，待大部分上部结构荷载施加以后，便在低温期用二期混凝土封堵。

5）为了保证反拱底板的受力性能，在拱腔内浇筑的门槛、消力坎等构件，需在底板混凝土凝固后浇筑二期混凝土，且不应使两者成为一个整体。

（二）闸墩施工

由于闸墩高度大、厚度小，门槽处钢筋较密，闸墩相对位置要求严格，所以闸墩的立模与混凝土浇筑是施工中的主要难点。

1．闸墩模板安装

为使闸墩混凝土一次浇筑达到设计高程，闸墩模板不仅要有足够的强度，而且要有足够的刚度。所以闸墩模板安装以往采用“铁板螺栓、对拉撑木”的立模支撑方法。此法虽需耗用大量木材（对于木模板而言）和钢材，工序繁多，但对中小型水闸施工仍较为方便。有条件的施工单位，在闸墩混凝土浇筑中逐渐采用翻模施工方法。

（1）“铁板螺栓、对拉撑木”的模板安装

立模前，应准备好固定模板的对销螺栓及空心钢管等。常用的对销螺栓有两种形式：一种是两端都是车螺纹的圆钢；另一种是一端带螺纹另一端焊接上一块5mm×40mm×400mm的扁铁的螺栓，扁铁上钻两个圆孔，以便将其固定在对拉撑木上。空心圆管可用长度等于闸墩厚度的毛竹或混凝土空心撑头。

闸墩立模时，其两侧模板要同时相对进行。先立平直模板，后立墩头模板。在闸底板上架立第一层模板时，必须保持模板上口水平。在闸墩两侧模板上，每隔1m左右钻与螺栓直径相应的圆孔，并于模板内侧对准圆孔撑以毛竹或混凝土撑头，然后将螺栓穿入，且两头穿出横向围囹和竖向围囹，然后用螺帽固定在竖向围囹上。铁板螺栓带扁铁的一端与水平拉撑木相接，与两端均车螺丝的螺栓相间布置。

（2）翻模施工

翻模施工法立模时一次至少立三层，当第二层模板内混凝土浇至腰箍下缘时，第一层模板内腰箍以下部分的混凝土须达到脱模强度，这样便可拆掉第一层，去架立第四层模板，并绑扎钢筋。依次类推，保持混凝土浇筑的连续性，以避免产生冷缝。

2．混凝土浇筑

闸墩模板立好后，随即进行清仓工作。清仓用高压水冲洗模板内侧和闸墩底面，污水则由底层模板的预留孔排出，清仓完毕堵塞的小孔后，即可进行混凝土浇筑。闸墩混凝土的浇筑，主要是解决好两个问题，一是每块底板上闸墩混凝土的均衡上升；二是流态混凝土的入仓方式及仓内混凝土的铺筑方法。

当落差大于2m时，为防止流态混凝土下落产生离析，应在仓内设置溜管，可每隔2～3m设置一组。仓内可把浇筑面分划成几个区段，分段进行浇筑。每坯混凝土厚度可控制在30cm左右。

（三）止水设施的施工

为了适应地基的不均匀沉降和伸缩变形，在水闸设计中均设置温度缝与沉陷缝，并常用沉陷缝代温度缝作用。缝有铅直和水平的两种，缝宽一般为1.0～2.5cm。缝中填料及止水设施，在施工中应按设计要求确保质量。

1．沉陷缝填料的施工

沉陷缝的填充材料，常用的有沥青油毛毡、沥青杉木板及泡沫板等多种。填料的安装有两种方法。

一种是先将填料用铁钉固定在模板内侧后，再浇混凝土，拆模后填料即粘在混凝土面上，然后再浇另一侧混凝土，填料即牢固地嵌入沉降缝内。如果沉陷缝两侧的结构需要同时浇灌，则沉陷缝的填充材料在安装时要竖立平直，浇筑时沉陷缝两侧流态混凝土的上升高度要一致。

另一种是先在缝的一侧立模浇混凝土，并在模板内侧预先钉好安装填充材料的长铁钉数排，并使铁钉的1/3留在混凝土外面，然后安装填料、敲弯铁尖，使填料固定在混凝土面上，再立另一侧模板和浇混凝土。

2．止水的施工

凡是位于防渗范围内的缝，都有止水设施，止水包括水平止水和垂直止水，常用的有止水片和止水带。

（1）水平止水

水平止水的形式如图5-17所示。水平止水大都采用塑料止水带，其安装与沉陷缝的安装方法一样，如图5-18所示。

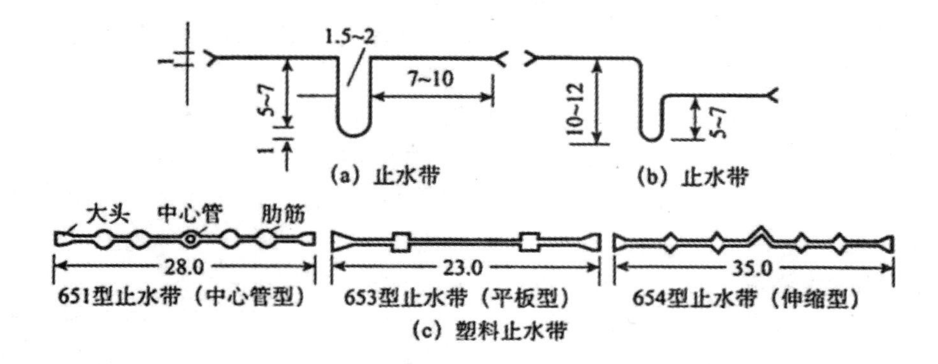

图5-17　水平止水片与塑料止水带（单位：cm）

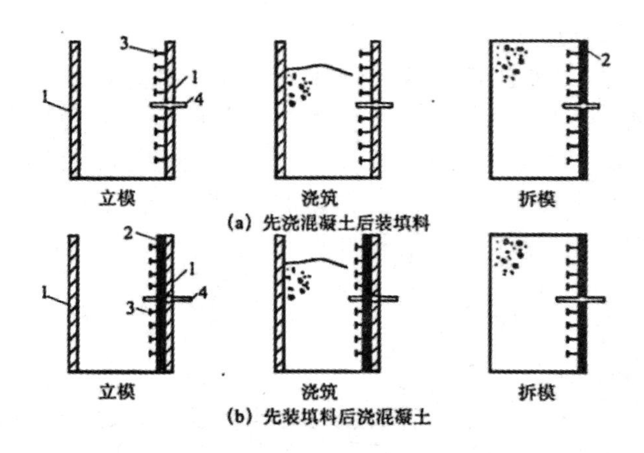

图5-18　水平止水安装示意图

1．模板；2．填料；3．铁钉；4．止水带

（2）垂直止水

常用的垂直止水构造如图5-19所示。

止水部分的金属片，重要部分用紫铜片，一般用铝片、镀锌铁皮或镀铜铁皮等。

对于需灌注沥青的结构形式[如图5-19（a）、（b）、（c）所示]，可按照沥青井的形状预制混凝土槽板，每节长度可为0.3～0.5m，与流态混凝土的接触面应凿毛，以利结合。安装时需涂抹水泥砂浆，随缝的上升分段接高。沥青井的沥青可一次灌注，也可分段灌注。止水片接头要进行焊接。

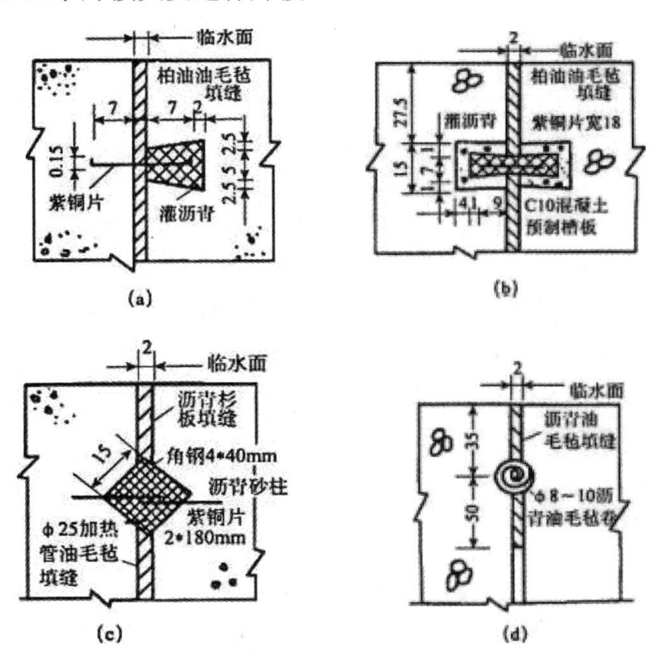

图5-19　垂直止水构造图（单位：cm）

（3）接缝交叉的处理

止水交叉有两类：一是铅直交叉（指垂直缝与水平缝的交叉），二是水平交叉（指水平缝与水平缝的交叉）。交叉处止水片的连接方式也可分为两种：一种是柔性连接，即将金属止水片的接头部分埋在沥青块体中，如图5-20（a）、（b）所示；另一种是刚性连接，即将金属止水片剪裁后焊接成整体，见图5-20（c）、（d）。在实际工程中可根据交叉类型有的施工条件决定连接方法，铅直交叉常用柔性连接，而水平交叉则多用刚性连接。

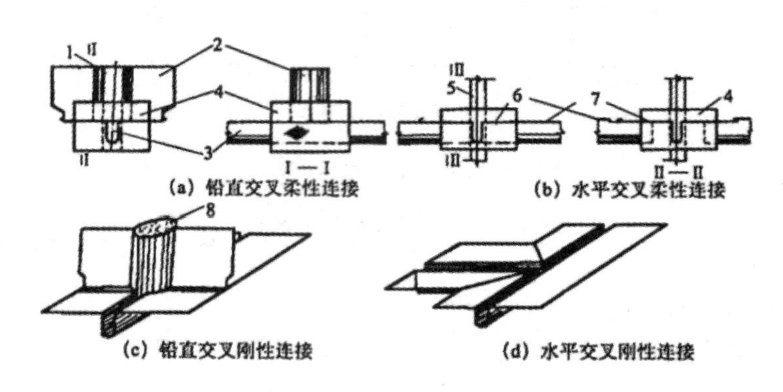

图5-20　止水交叉构造图

1. 铅直缝；2. 铅直止水片；3. 水平止水片；4. 沥青块体；
5. 接缝；6. 纵向水平止水片；7. 横向水平止水片；8. 沥青柱

（四）门槽二期混凝土施工

采用平面闸门的中小型水闸，在闸墩部位都设有门槽。为了减小闸门的启闭力及闸门封水，门槽部分的混凝土中埋有导轨等铁件，如滑动导轨、主轮、侧轮及反轮导轨、止水座等。这些铁件的埋设可采取预埋及留槽后浇混凝土两种方法。小型水闸的导轨铁件较小，可在闸墩立模时将其预先固定在模板的内侧，如图5-21所示。闸墩混凝土浇筑时，导轨等铁件即浇入混凝土中。由于大、中型水闸导轨较大、较重，在模板上固定较为困难，宜采用预留槽后浇二期混凝土的施工方法。

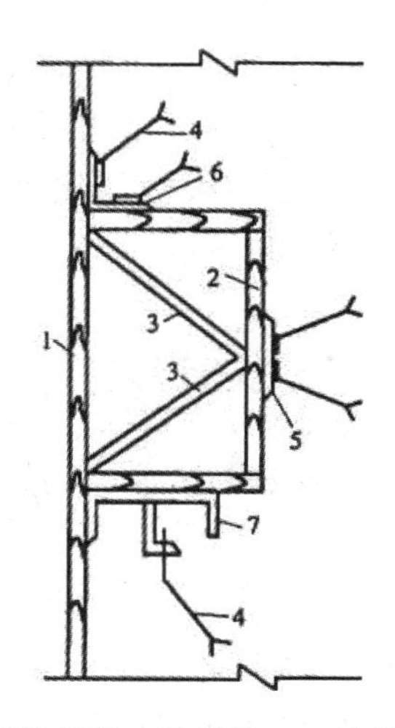

图5-21　闸门导轨一次装好、一次浇注混凝土

1．闸墩模板；2．门槽模板；3．撑头；4．开脚螺栓；
5．侧导轨；6．门槽角铁；7．滚轮导轨

1．门槽垂直度控制

门槽及导轨必须铅直无误，所以在立模及浇筑过程中应随时用吊锤校正。校正时，可在门槽模板顶端内侧钉一根大铁钉（钉入2/3长度），然后把吊锤系在铁钉端部，待吊锤静止后，用钢尺量取上部与下部吊锤线到模板内侧的距离，如相等则该模板垂直，否则按照偏斜方向予以调正。

2．门槽二期混凝土浇筑

在闸墩立模时，于门槽部位留出较门槽尺寸大的凹槽。闸墩浇筑时，预先将导轨基础螺栓按设计要求固定于凹槽的侧壁及正壁模板，模板拆除后基础螺栓即埋入混凝土中（见图5-22）。

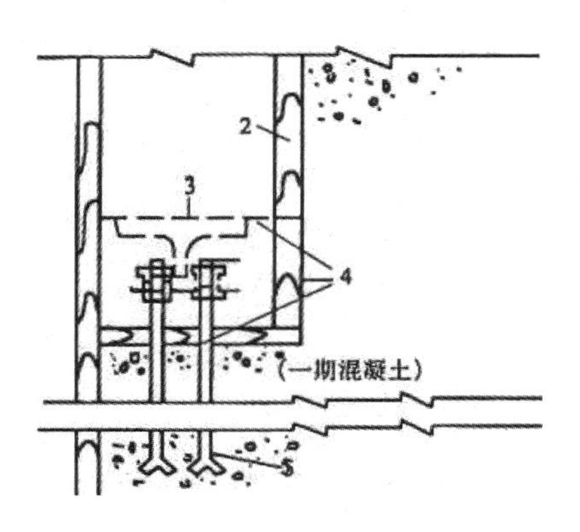

图5-22　导轨后装，然后浇筑二期混凝土

1．闸墩模板；2．门槽模板；3．导轨横剖面；
4．二期混凝土边线；5．基础螺栓（预期埋于一期混凝土中）

导轨安装前，要对基础螺栓进行校正，安装过程中必须随时用垂球进行校正，使其铅直无误。导轨就位后即可立模浇筑二期混凝土。

闸门底槛设在闸底板上，在施工初期浇筑底板时，若铁件不能完成，亦可在闸底板上留槽以后浇二期混凝土如图5-23所示。

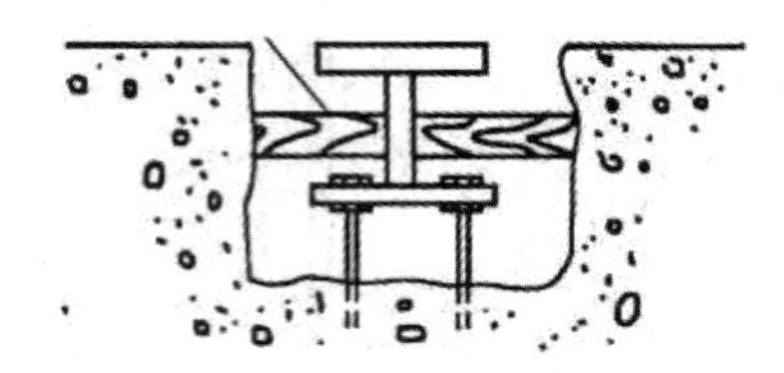

图5-23　底槛的安装

浇筑二期混凝土时，应采用较细骨料混凝土，并细心捣实，不要振动已装好的金属构件。门槽较高时，不要直接从高处下料，可以分段安装和浇筑。二期混凝土拆模后，应对埋件进行复测，并作好记录，同时检查混凝土表面尺寸，清除遗留的杂物、钢筋头，以免影响闸门启闭。

3．弧形闸门的导轨安装及二期混凝土浇筑

弧形闸门的启闭是绕水平轴转动，转动轨迹由支臂控制，所以不设门槽，但为了减小启闭门力，在闸门两侧亦设置转轮或滑块，因此也有导轨的安装及二期混凝土施工。

为了便于导轨的安装，在浇筑闸墩时，根据导轨的设计位置预留20cm×80cm的凹槽，槽内埋设两排钢筋，以便用焊接方法固定导轨。安装前应对预埋钢筋进行校正，并在预留槽两侧，设立垂直闸墩侧面并能控制导轨安装垂直度的若干对称控制点。安装时，先将校正好的导轨分段与预埋的钢筋临时点焊接数点，待按设计坐标位置逐一校正无误，并根据垂直平面控制点，用样尺检验调整导轨垂直度后，再电焊牢固，最后浇二期混凝土（见图5-24）。

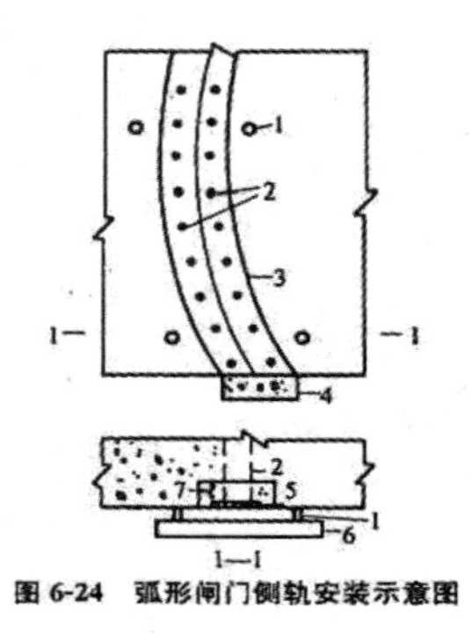

图5-24　弧形闸门侧轨安装示意图

1．垂直平面控制点；2．预埋钢筋；3．预留槽；
4．地槛；5．侧轨；6．样尺；7．门槽二期混凝土

三、闸门的安装方法

闸门是水工建筑物的孔口上用来调节流量，控制上下游水位的活动结构。它是水工建筑物的一个重要组成部分。

闸门主要由三部分组成：主体活动部分，用以封闭或开放孔口，通称闸门或门叶；埋固部分，是预埋在闸墩、底板和胸墙内的固定件，如支承行走埋设件、止水埋设件和护砌埋设件等；启闭设备，包括连接闸门和启闭机的螺杆或钢丝绳索和启闭机等。

闸门按其结构形式可分为平面闸门、弧形闸门及人字闸门三种。闸门按门体的材料可分为钢闸门、钢筋混凝土或钢丝水泥闸门、木闸门及铸铁闸门等。

所谓闸门安装是将闸门及其埋件装配、安置在设计部位。由于闸门结构的不同，各种闸门的安装，如平面闸门安装、弧形闸门安装、人字闸门安装等，略有差异，但一般可分为埋件安装和门叶安装两部分。

1．平面闸门安装

主要介绍平面钢闸门的安装。

平面钢闸门的闸门主要由面板、梁格系统、支承行走部件、止水装置和吊具等组成。

（1）埋件安装

闸门的埋件是指埋设在混凝土内的门槽固定构件，包括底槛、主轨、侧轨、反轨和门楣等。安装顺序一般是设置控制点线，清理、校正预埋螺栓，吊入底槛并调整其中心、高程、里程和水平度，经调整、加固、检查合格后，浇筑底槛二期混凝土。设置主、反、侧轨安装控制点，吊装主轨、侧轨、反轨和门楣并调整各部件的高程、中心、里程、垂直度及相对尺寸，经调整、加固、检查合格，分段浇筑二期混凝土。二期混凝土拆模后，复测埋件的安装精度和二期混凝土槽的断面尺寸，超出允许误差的部位需进行处理，以防闸门关闭不严、出现漏水或启闭时出现卡阻现象。

（2）门叶安装

如门叶尺寸小，则在工厂制成整体运至现场，经复测检查合格，装上止水橡皮等附件后，直接吊入门槽。如门叶尺寸大，由工厂分节制造，运到工地后，在现场组装。

1）闸门组装。组装时，要严格控制门叶的平直性和各部件的相对尺寸。分节门叶的节间联结通常采用焊接、螺栓联结、销轴联结三种方式。

2）闸门吊装。分节门叶的节间如果是螺栓和销轴联结的闸门，若起吊能力不够，在吊装时需将已组成的门叶拆开，分节吊入门槽，在槽内再联结成整体。

（3）闸门启闭试验

闸门安装完毕后，需做全行程启闭试验，要求门叶启闭灵活无卡阻现象，闸门关闭严密，漏水量不超过允许值。

2．弧形闸门安装

弧形闸门由弧形面板、梁系和支臂组成，如图5-25所示。弧形闸门的安装，根据其安装高低位置不同，分为露顶式弧形闸门安装和潜孔式闸门安装。

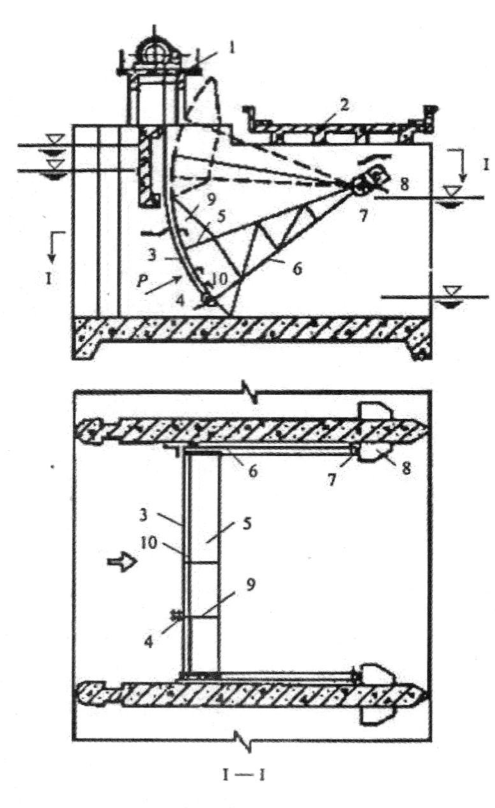

图5-25 弧形闸门布置

1．工作桥；2．公路桥3．面板；4．吊耳；5．主梁；
6．支臂；7．支铰；8．牛腿；9．竖向隔板；10．水平次梁

（1）露顶式弧形闸门安装

露顶式弧形闸门包括底槛、侧止水座板、侧轮导板、铰座和门体。

安装顺序：

1）在一期混凝土浇筑时预埋铰座基础螺栓，为保证铰座的基础螺栓安装准确，可用钢板或型钢将每个铰座的基础螺栓组焊在一起，进行整体安装、调整、固定。

2）埋件安装，先在闸孔混凝土底板和闸墩边墙上放出各埋件的位置控制点，接着安装底槛、侧止水导板、侧轮导板和铰座，并浇筑二期混凝土。

3）门体安装，有分件安装和整体安装两种方法。分件安装是先将铰链吊起，插入铰座，于空间穿轴，再吊支臂用螺栓与铰链连接；也可先将铰链和支臂组成整体，

再吊起插入铰座进行穿轴；若起吊能力许可，可在地面穿轴后，再整体吊入。2个直臂装好后，将其调至同一高程，再将面板分块装于支臂上，调整合格后，进行面板焊接和将支臂端部与面板相连的连接板焊好。门体装完后起落2次，使其处于自由状态，然后安装侧止水橡皮，补刷油漆，最后再启闭弧门检查有无卡阻和止水不严现象。整体安装是在闸室附近搭设的组装平台上进行，将2个已分别与铰链连接的支臂按设计尺寸用撑杆连成一体，再于支臂上逐个吊装面板，将整个面板焊好，经全面检查合格，拆下面板，将2个支臂整体运入闸室，吊起插入铰座，进行穿轴，而后吊装面板。此法一次起吊重量大，2个支臂组装时，其中心距要严格控制，否则会给穿轴带来困难。

（2）潜孔式弧形闸门安装

设置在深孔和隧洞内的潜孔式弧形闸门，顶部有混凝土顶板和顶止水，其埋件除与露顶式相同的部分外，一般还有铰座钢梁和顶门楣。

安装顺序：

1）铰座钢梁宜和铰座组成整体，吊入二期混凝土的预留槽中安装。

2）埋件安装。深孔弧形闸门是在闸室内安装，故在浇筑闸室一期混凝土时，就需将锚钩埋好。

3）门体安装方法与露顶式弧形闸门的基本相同，可以分体装，也可整体装。门体装完后要起落数次，根据实际情况，调整顶门楣，使弧形闸门在启闭过程中不发生卡阻现象，同时门楣上的止水橡皮能和面板接触良好，以免启闭过程中门叶顶部发生涌水现象。调整合格后，浇筑顶门楣二期混凝土。

为防止闸室混凝土在流速高的情况下发生空蚀和冲蚀，有的闸室内壁设钢板衬砌。钢衬可在二期混凝土安装，也可在一期混凝土时安装。

3．人字闸门安装

人字闸门由底枢装置如图5-26所示、顶枢装置如图5-27所示、支枕装置如图5-28所示、止水装置和门叶组成。人字闸门分埋件和门叶两部分进行安装。

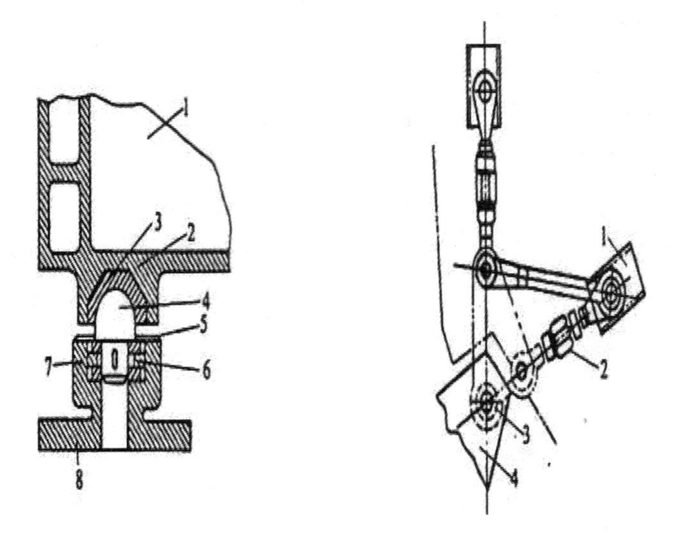

图5-26　底枢装置布置简图

1．门页；2．上盖；3．轴衬；4．半圆球轴；5．压板；6．垫圈；7．橡皮圈；8．低枢轴座

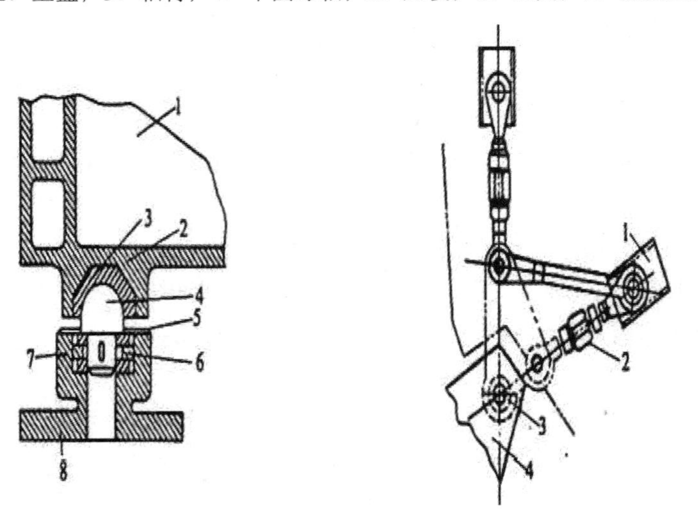

图5-27　顶枢装置结构简图

1．顶枢埋件；2．拉杆；3．轴；4．门页

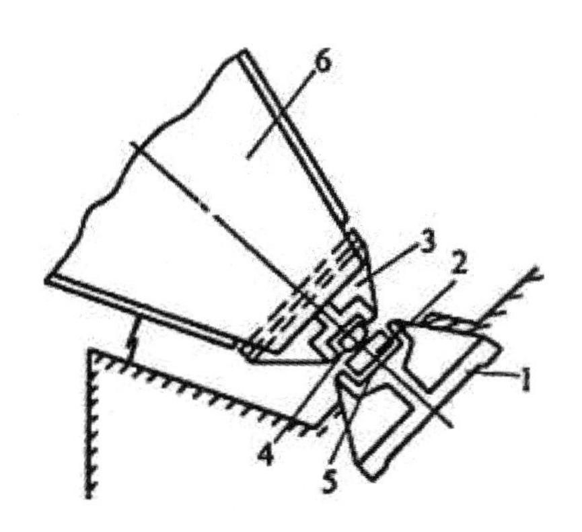

图5-28 支枕装置结构简图

1．枕座；2．枕垫块；3．支座；4．支垫块；5．垫层；6．门页

（1）埋件安装。包括底枢轴座、顶枢埋件、枕座、底槛和侧止水座板等。其安装顺序：设置控制点，校正预埋螺栓，在底枢轴座预埋螺栓上加焊调节螺栓和垫板。将埋件分别布置在不同位置，根据已设的控制点进行调整，符合要求后，加固并浇筑二期混凝土。为保证底止水安装质量，在门叶全部安装完毕后，进行启闭试验时安装底槛，安装时以门叶实际位置为基准，并根据门叶关闭后止水橡皮的压缩程度适当调整底槛，合格后浇筑二期混凝土。

（2）门叶安装。首先在底枢轴座上安装半圆球轴（蘑菇头），同时测出门叶的安装位置，一般设置在与闸门全开位置呈120° ～130° 的夹角处。门叶安装时需有2个支点，底枢半圆球轴为一个支点，在接近斜接柱的纵梁隔板处用方木或型钢铺设另一临时支点。根据门叶大小、运输条件和现场吊装能力，通常采用整体吊装、现场组装和分节吊装三种安装方法。

四、启闭机的安装方法

在水工建筑物中，专门用于各种闸门开启与关闭的起重设备称为闸门启闭机。将启闭闸门的起重设备装配、安置在设计确定部位的工程称作闸门启闭机安装。

闸门启闭机安装分固定式和移动式启闭机安装两类。固定式启闭机主要用于工作闸门和事故闸门，每扇闸门配备1台启闭机，常用的有卷扬式启闭机、螺杆式启闭机和液压式启闭机等几种。移动式启闭机可在轨道上行走，适用于操作多孔闸门，常用的有门式、台式和桥式等几种。

大型固定式启闭机的一般安装程序：

①埋设基础螺栓及支撑垫板。

②安装机架。

③浇筑基础二期混凝土。

④在机架上安装提升机构。

⑤安装电气设备和安保元件。

⑥联结闸门作启闭机操作试验，使各项技术参数和继电保护值达到设计要求。

移动式启闭机的一般安装程序：

①埋设轨道基础螺栓。

②安装行走轨道，并浇筑二期混凝土。

③在轨道上安装大车构架及行走台车。

④在大车梁上安装小车轨道、小车架、小车行走机构和提升设备。

⑤安装电气设备和安保元件。

⑥进行空载运行及负荷试验，使各项技术参数和继电保护值达到设计要求。

（一）固定式启闭机的安装

1. 卷扬式启闭机的安装

卷扬式启闭机由电动机、减速箱、传动轴和绳鼓所组成。卷扬式启闭机是由电力或人力驱动减速齿轮，从而驱动缠绕钢丝绳的绳鼓，借助绳鼓的转动，收放钢丝绳使闸门升降。

固定卷扬式启闭机安装顺序：

①在水工建筑物混凝土浇筑时埋入机架基础螺栓和支承垫板，在支承垫板上放置调整用楔形板。

②安装机架。按闸门实际起吊中心线找正机架的中心、水平、高程，拧紧基础螺母，浇筑基础二期混凝土，固定机架。

③在机架上安装、调整传动装置，包括：电动机、弹性联轴器、制动器、减速器、传动轴、齿轮联轴器、开式齿轮、轴承、卷筒等。

固定卷扬式启闭机的调整序：

①按闸门实际起吊中心找正卷筒的中心线和水平线，并将卷筒轴的轴承座螺栓拧紧。

②以与卷筒相联的开式大齿轮为基础，使减速器输出端开式小齿轮与大齿轮啮合正确。

③以减速器输入轴为基础，安装带制动轮的弹性联轴器，调整电动机位置使联轴器的两片的同心度和垂直度符合技术要求。

④根据制动轮的位置，安装与调整制动器；若为双吊点启闭机，要保证传动轴与两端齿轮联轴节的同轴度。

⑤传动装置全部安装完毕后，检查传动系统动作的准确性、灵活性，并检查各部分的可靠性。

⑥安装排绳装置、滑轮组、钢丝绳、吊环、扬程指示器、行程开关、过载限制器、过速限制器及电气操作系统等。

2．螺杆式启闭机安装

螺杆式启闭机是中小型平面闸门普遍采用的启闭机。它由摇柄、主机和螺栓组成。螺杆的下端与闸门的吊头连接，上端利用螺杆与承重螺母相扣合。当承重螺母通过与其连接的齿轮被外力（电动机或手摇）驱动而旋转时，它驱动螺杆作垂直升降运动，从而启闭闸门。

安装过程包括基础埋件的安装、启闭机安装、启闭机单机调试、启闭机负荷试验。

安装前，首先检查启闭机各传动轴，轴承及齿轮的转动灵活性和啮合情况，着重检查螺母螺纹的完整性，必要时应进行妥善处理。

检查螺杆的平直度，每米长弯曲超过0.2mm或有明显弯曲处可用压力机进行机械校直。螺杆螺纹容易碰伤，要逐圈进行检查和修正。无异状时，在螺纹外表涂以润滑油脂，并将其拧入螺母，进行全行程的配合检查，不合适处应修正螺纹。然后整体竖立，将它吊入到机架或工作桥上就位，以闸门吊耳找正螺杆下端连接孔，并进行连接。

挂一线锤，以螺杆下端头为准，移动螺杆启闭机底座，使螺杆处于垂直状态。对双吊点的螺杆式启闭机，两侧螺杆找正后，安装中间同步轴，螺杆找正和同步轴连接合格后，最后把机座固定。

对电动螺杆式启闭机，安装电动机及其操作系统后应作电动操作试验及行程限位整定等。

3．液压式启闭机的安装

液压式启闭机由机架、油缸、油泵、阀门、管路、电机和控制系统等组成。油缸拉杆下端与闸门吊耳铰接。液压式启闭机分单向与双向两种。

液压式启闭机通常由制造厂总装并试验合格后整体运到工地，若运输保管得当，且出厂不满一年，可直接进行整体安装，否则，要在工地进行分解、清洗、检查、处理和重新装配。

安装程序：

①安装基础螺栓，浇筑混凝土。

②安装和调整机架。

③油缸吊装于机架上，调整固定。

④安装液压站与油路系统。

⑤滤油和充油。

⑥启闭机调试后与闸门联调。

（二）移动式启闭机的安装

移动式启闭机安装在坝顶或尾水平台上，能沿轨道移动，用于启闭多台工作闸门和检修闸门。常用的移动式启闭机有门式、台式和桥式等几种。

移动式启闭机行走轨道均采取嵌入混凝土方式，先在一期混凝土中埋入基础调节螺栓，经位置校正后，安放下部调节螺母及垫板。然后逐根吊装轨道，调整轨道高程、中心、轨距及接头错位，再用上压板和夹紧螺母紧固，最后分段浇筑二期混凝土。

第二节　渠系主要建筑物的施工技术

渠系建筑物主要包括渠道、渡槽、涵洞、倒虹吸管、跌水与陡坡、水闸等。本部分着重介绍渠道、渡槽、倒虹吸管的施工方法。

一、渠系建筑物组成及特点

在渠道上修建的建筑物称为渠道系统中的水工建筑物，简称渠系建筑物。

（一）渠系建筑物的分类，渠系建筑物按其作用可分为

（1）渠道。是指为农田灌溉、水力发电、工业及生活输水用的、具有自由水面的人工水道。

（2）调节及配水建筑物。用以调节水位和分配流量，如节制闸、分水闸等。

（3）交叉建筑物。渠道与山谷、河流、道路、山岭等相交时所修建的建筑物。如渡槽、倒虹吸管、涵洞等。

（4）落差建筑物。在渠道落差集中处修建的建筑物，如跌水、陡坡等。

（5）泄水建筑物。为保护渠道及建筑物安全或进行维修，用以放空渠水的建筑物，如泄水闸、虹吸泄洪道等。

（6）冲沙和沉沙建筑物。为防止和减少渠道淤积，在渠首或渠系中设置的冲沙和沉沙设施，如冲沙闸、沉沙池等。

（7）量水建筑物。用以计输配水量的设施，如量水堰等。

（二）渠系建筑物的特点

（1）面广量大、总投资多。渠系中的建筑物，一般规模不大，但数量多，总的工程量和造价在整个工程中所占比重较大。

（2）同一类型建筑物的工作条件、结构形式、构造尺寸较为近似。因此，在一个灌区内可以较多地采用同一的结构形式和施工方法，广泛采用定型设计和预制装配式结构。

（三）渠系建筑物的组成

1．渠道

（1）渠道的分类

渠道按用途可分为灌溉渠道、动力渠道（引水发电用）、供水渠道、通航渠道和排水渠道等。

（2）渠道的横断面

渠道横断面的形状，在土基上多采用梯形，两侧边坡根据土质情况和开挖深度或填筑高度确定，一般用1∶1～1∶2，在岩基上接近矩形。

断面尺寸取决于设计流量和不冲不淤流速，可根据给定的设计流量、纵坡等用明渠均匀流公式计算确定。

（3）渠道防渗

实践证明，对渠道进行砌护防渗，不仅可以消除渗漏带来的危害，还能减小渠道糙率，提高输水能力和抗冲能力，进而可以减少渠道断面及渠系建筑物的尺寸。

为减小渗漏量和降低渠床糙率，一般均需在渠床加做护面，护面材料主要有：砌石、黏土、灰土、混凝土以及防渗膜等。

2．渡槽

（1）渡槽的作用和组成

渡槽是渠道跨越河、沟、路或洼地时修建的过水桥。它由进口段、槽身、支承结构、基础和出口段等部分组成。

渡槽与倒虹吸管相比具有水头损失小，便于运行管理等优点，在渠道绕线或高填方方案不经济时，往往优先考虑渡槽方案，渡槽是渠系建筑物中应用最广的交叉建筑物之一。

渡槽除输送渠水外，还用于排洪和导流等方面当挖方渠道与冲沟相交时，为防止山洪及泥沙入渠，在渠道上修建排洪渡槽。当在流量较小的河道上进行施工导流时，可在基坑上修建渡槽，以使上游来水通过渡槽泄向下游。

（2）渡槽的形式

渡槽根据支承结构形式可分为梁式渡槽和拱式渡槽两大类。

①梁式渡槽

梁式渡槽的槽身搁置在梢墩或槽架上，槽身在纵向，起梁的作用。

梁式渡槽的跨度大小与地形地质条件、支撑高度、施工方法等因素有关，一般不大于20m，常采用8～15m。梁式渡槽的优点是结构比较简单，施工较方便。当跨度较大时，可采用预应力混凝土结构。

②拱式渡槽

当槽身支承在拱式支承结构上时，称为拱式渡槽。其支承结构由槽墩、主拱圈、拱上结构组成。主拱圈主要承受压应力，可用抗拉强度小而抗压强度大的材料（如石料、混凝土等）建造，并可用于大跨度。

（3）渡槽的整体布置

渡槽的整体布置包括槽址选择、结构选型、进出口段的布置。

梁式渡槽的槽身横断面常用矩形和U形，矩形槽身可用浆砌石或钢筋混凝土建造。拱式渡槽的槽身一般为预制的钢筋混凝土U形槽或矩形槽。

为使槽内水流与渠道平顺衔接，在渡槽的进、出口需要设置渐变段。

3．倒虹吸管

倒虹吸管是当渠道横跨山谷、河流、道路时，为连接渠道而设置的压力管道，其形状如倒置的虹吸管。它与渡槽相比较，具有造价低、施工方便的优点，但水头损失较大，运行管理不如渡槽方便。它应用于修建渡槽困难，或需要高填方建渠道的场合；在渠道水位与所跨越的河流或路面高程接近时，也常用倒虹吸管方案。

倒虹吸管由进口段、管身和出口段三部分组成。

（1）进口段。进口段包括：渐变段、闸门、拦污栅，有的工程还设有沉沙池。进口段要与渠道平顺衔接，以减少水头损失。渐变段可以做成扭曲面或八字墙等形式。闸门用于管内清淤和检修。不设闸门的小型倒虹吸管，可在进口侧墙上预留检修门槽，需用时临时插板挡水。拦污栅用于拦污和防止人畜落入渠内被吸进倒虹吸管。

在多泥沙河流上，为防止渠道水流携带的粗颗粒泥沙进入倒虹吸管，可在闸门与拦污栅前设置沉沙池。

（2）出口段。出口段的布置形式与进口段基本相同。单管可不设闸门；若为多管，可在出口段侧墙上预留检修门槽。出口渐变段比进口渐变段稍长。

（3）管身。管身断面可为圆形或矩形。圆形管因水力条件和受力条件较好，大、中型工程多采用这种形式。矩形管仅用于水头较低的中、小型工程。根据流量大小和运用要求，倒虹吸管可以设计成单管、双管或多管。在管路变坡或转弯处应设置镇墩。

4．涵洞

（1）涵洞是渠道与溪谷、道路等相交叉时，为宣泄溪谷来水或输送渠水，在填方渠道或道路下修建的交叉建筑物。

（2）涵洞由进口段、洞身和出口段三部分组成。其顶部往往有填土。涵洞一般不设闸门，有闸门时称为涵洞式或封闭式水闸。进、出口段是洞身与渠道或沟溪的连接部分，其形式的选择应使水流平顺地进出洞身，以减小水头损失。

（3）小型涵洞的进、出口段都用浆砌石建造。大、中型工程可采用混凝土或钢筋混凝土结构。为适应不均匀沉降，常用沉降缝与洞身分开，缝间设止水。

（4）由于水流状态的不同，涵洞可能是无压的、有压的或半有压的。有压涵洞的特点是工作时水流充满整个洞身断面，洞内水流自进口至出口均处于有压流状态；无压涵洞是渠道上输水涵洞的主要形式，其特点是洞内水流具有自由表面，自进口至出口始终保持无压流状态；半有压涵洞的特点是进口洞顶水流封闭，但洞内的水流仍具有自由表面。

（5）涵洞的形式一般是指洞身的形式。根据用途、工作特点、结构形式和建筑材料等常分为圆形、箱形、及拱涵等几种。圆形涵洞受力条件好，泄水能力大，宜于预制，适用于上面填土较厚的情况，为有压涵洞的主要形式；箱形涵洞多为四边封闭的矩形钢筋混凝土结构，泄量大时可用双孔或多孔，适用于填土较浅的无压或低压涵洞；拱形涵洞顶部为拱形，也有单孔和多孔之分，常用混凝土和浆砌石做成，适用于填土高度及跨度较大而侧压力较小的无压涵洞。

5．跌水及陡坡

（1）当渠道通过地面坡度较陡的地段或天然跌坎，在落差集中处可建跌水或陡坡。使渠道上游水流自由跌落到下游渠道的落差建筑物称为跌水。使上游渠道沿陡槽下泄到下游渠道的落差建筑物，称为陡坡。

（2）根据地面坡度大小和上下游渠道落差的大小，可采用单级跌水或多级跌水。二者构造基本相同。跌水的上下游渠底高差称为跌差。一般土基上单级跌水的跌差小于3～5m，超过此值时宜做成多级跌水。

（3）单级跌水一般由进口连接段、跌水口、跌水墙、侧墙、消力池和出口连接段组成。多级跌水的组成和构造与单级跌水相同，只是将消力池做成几个阶梯，各级落差和消力池长度都相等，使每级具有相同的工作条件，并便于施工。

（4）陡坡的构造与跌水相似，不同之处是陡坡段代替了跌水墙。

二、渠系主要建筑物的施工方法

（一）渠道施工

渠道施工包括渠道开挖、渠堤填筑和渠道衬砌。渠道施工的特点是工程量大，施工线路长，场地分散；但工种单纯，技术要求较低。

1．渠道开挖

渠道开挖的施工方法有人工开挖、机械开挖和爆破开挖等。开挖方法的选择取决于技术条件、土壤特性、渠道横断面尺寸、地下水位等因素。渠道开挖的土方多堆在渠道两侧用作渠堤，因此，铲运机、推土机等机械得到广泛的应用。

（1）人工开挖

1）施工排水

渠道开挖首先要解决地表水或地下水对施工的干扰问题，办法是在渠道中设置排水沟。排水沟的布置既要方便施工，又要保证排水的通畅。

2）开挖方法

在干地上开挖，应自渠道中心向外，分层下挖，先深后宽。为方便施工，加快工程进度，边坡处可先按设计坡度要求挖成台阶状，待挖至设计深度时再进行削坡。开挖后的弃土，应先行规划，尽量做到挖填平衡。开挖方法有一次到底法和分层下挖法，如图5-29所示。

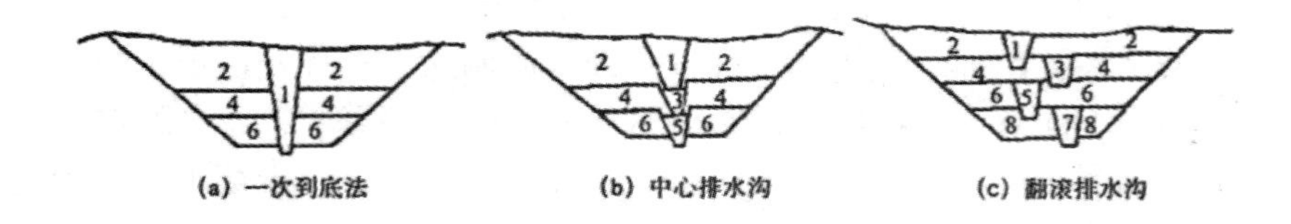

图5-29　一次到底法和分层下挖法

2、4、6、8：开挖顺序；1、3、5、7：排水沟次序

一次到底法适用于土质较好，挖深2～3m的渠道。开挖时先将排水沟挖到低于渠底设计高程0.5m处，然后按阶梯状向下逐层开挖至渠底。

分层下挖法适用于土质较软、含水量较高、渠道挖深较大的情况。可将排水沟布置在渠道中部[图5-29（b）所示]，逐层下挖排水沟，直至渠底。当渠道较宽时，可采用翻滚排水沟法[图5-29（c）所示]，用此法施工，排水沟断面小，施工安全，施工布置灵活。

3）边坡开挖与削坡

开挖渠道如一次开挖成坡，将影响开挖进度。因此，一般先按设计坡度要求挖成台阶状，其高宽比按设计坡度要求开挖，最后进行削坡。

（2）机械开挖

1）推土机开挖。推土机开挖，渠道深度一般不宜超过1.5～2.0m，填筑渠堤高度不宜超过2～3m，其边坡不宜陡于1∶2。推土机还可用于平整渠底，清除腐殖土层、压实渠堤等。

2）铲运机开挖。铲运机最适宜开挖全挖方渠道或半挖半填渠道。对需要在纵向调配土方的渠道，如运距不远，也可用铲运机开挖。铲运机开挖渠道的开行方式有：

环形开行：当渠道开挖宽度大于铲土长度，而填土或弃土宽度又大于卸土长度，可采用横向环形开行。反之，则采用纵向环形开行，铲土和填土位置可逐渐错动，以完成所需断面。

"8"字形开行：当工作前线较长，填挖高差较大时，则应采用"8"字形开行。其进口坡道与挖方轴线间的夹角以40°～60°为宜，过大则重车转弯不便，过小则加大运距。

3）爆破开挖。采用爆破法开挖渠道时，药包可根据开挖断面的大小沿渠线布置成一排或几排。当渠底宽度大于深度的2倍以上时，应布置2～3排以上的药包，但最多不宜超过5排，以免爆破后回落土方过多。单个药包装药量及间、排距应根据爆破试验确定。

2．渠堤填筑

渠堤填筑前要进行清基，清除基础范围内的块石、树根、草皮、淤泥等杂质，并将基面略加平整，然后进行刨毛。如基础过于干燥，还应洒水湿润，然后再填筑。

筑堤用的土料，以土块小的湿润散土为宜，如沙质壤土或沙质黏土。如用几种土料，应将透水性小的土料填筑在迎水面，透水性大的填筑在背水面。土料中不得掺有杂质，并应保持一定的含水量，以利压实。严禁使用冻土、淤泥、净砂等。

填方渠道的取土坑与堤脚应保持一定距离，挖土深度不宜超过2m，取土宜先远后近，并留有斜坡道以便运土。半填半挖渠道应尽量利用挖方填堤，只有土料不足或土质不能满足填筑要求时，才在取土坑取土。

渠堤填筑应分层进行。每层铺土厚度以20～30cm为宜，并应铺平铺匀。每层铺土宽度应保证土堤断面略大于设计宽度，以免削坡后断面不足。堤顶应做成坡度为2%～4%的坡面，以利排水。填筑高度应考虑沉陷，一般可预加5%的沉陷量。

3．渠道衬护

渠道衬护就是用灰土、水泥土、块石、混凝土、沥青、塑料薄膜等材料在渠道内壁铺砌一衬护层。在选择衬护类型时，应考虑以下原则：防渗效果好，因地制宜，就地取材，施工简便，能提高渠道输水能力。

（1）灰土衬护

灰土是由石灰和土料混合而成。衬护的灰土比一般为1∶2～1∶6（重量比）。衬护厚度一般为20～40cm。灰土施工时，先将过筛后的细土和石灰粉干拌均匀，再加水拌和，然后堆放一段时间，使石灰粉充分熟化，稍干后即可分层铺筑夯实，拍打坡面消除裂缝。灰土夯实后应养护一段时间再通水。

（2）砌石衬护

砌石衬护有三种形式：干砌块石、干砌卵石和浆砌块石。干砌块石用于土质较好的渠道，主要起防冲作用；浆砌块石用于土质较差的渠道，起抗冲防渗作用。

用干砌卵石衬砌施工时，应先按设计要求铺设垫层，然后再砌卵石。砌筑卵石以外形稍带扁平而大小均匀的为好。砌筑时应采用直砌法，即要求卵石的长边垂直于边坡或渠底，并砌紧、砌平、错缝，且坐落在垫层上。为了防止砌面被局部冲毁而扩大，每隔10～20m距离，用较大的卵石干砌或浆砌一道隔墙，隔墙深60～80cm，宽40～50cm，以增加渠底和边坡的稳定性。渠底隔墙可砌成拱形，其拱顶迎向水流方向，以提高抗冲能力。

砌筑顺序应遵循“先渠底，后边坡”的原则。

块石衬砌时，石料的规格一般以长40～50cm，宽30～40cm，厚度不小于8～10cm为宜，要求有一面平整。

（3）混凝土衬护

混凝土衬护由于防渗效果好，一般能减少90%以上渗漏量，耐久性强，糙率小，强度高，便于管理，适应性强，因而成为一种广泛采用的衬护方法。

混凝土衬护有现场浇筑和预制装配两种形式。前者接缝少、造价低，适用于挖方渠段，后者受气候条件影响小，适用于填方渠段。

大型渠道的混凝土衬护多采用现浇施工。在渠道开挖和压实后，先设置排水，铺设垫层，然后浇筑混凝土。浇筑时按结构缝分段，一般段长为10m左右，先浇渠底，后浇渠面。渠底一般多采用跳仓法浇筑。

装配式混凝土衬护，是在预制厂制作混凝土衬护板，运至现场后进行安装，然后灌注填缝材料。装配式混凝土预制板衬护，具有质量容易保证、施工受气候条件影响较小的特点。但接缝较多且防渗、抗冻性能较差，故多用于中小型渠道。

（4）沥青材料衬护

沥青材料渠道衬砌有沥青薄膜与沥青混凝土两大类。

沥青薄膜类防渗按施工方法可分为现场浇筑和装配式两种。现场浇筑又可分为喷洒沥青和沥青砂浆两种。

现场喷洒沥青薄膜施工，首先要求将渠床整平、压实、并洒水少许，然后将温度为200℃的软化沥青用喷洒机具，在354kPa压力下均匀地喷洒在渠床上，形成厚6～7mm的防渗薄膜。一般需喷洒两层以上，各层间需结合良好。喷洒沥青薄膜后，应及时进行质量检查和修补工作。最后在碑膜表面铺设保护层。

沥青砂浆防渗多用于渠底。施工时先将沥青和砂分别加热，然后进行拌和，拌好后保持在160～180℃，即行现场摊铺，然后用大方铣反复烫压，直至出油，再作保护层。

（5）塑料薄膜衬护

用于渠道防渗的塑料薄膜厚度以0.12～0.20mm为宜。塑料薄膜的铺设方式有表面式和埋藏式两种。表面式是将塑料薄膜铺于渠床表面，埋藏式是在铺好的塑料薄膜上铺筑土料或砌石作为保护层。保护层厚度一般不小于30cm，在寒冷地区加厚。

塑料薄膜衬砌渠道施工，大致可分为渠床开挖和修整、塑料薄膜的加工和铺设、保护层的填筑等三个施工过程。塑料薄膜的接缝可采用焊接或搭接。

（二）渡槽施工

渡槽按施工方法分为装配式渡槽和现浇式渡槽两种类型。装配式渡槽具有简化施工、缩短工期、提高质量、减轻劳动强度、节约钢木材料、降低工程造价的特点，所以被广泛采用。

1．装配式渡槽施工

装配式渡槽施工包括预制和吊装两个过程。

（1）构件的预制

1）排架的预制。槽架是渡槽的支承构件，为了便于吊装，一般选择靠近槽址的场地预制。制作的方式有地面立模和砖土胎模两种。

①地面立模：在平坦夯实的地面上用1∶3∶8的水泥、黏土、砂浆抹面，厚约1cm，压抹光滑作为底模，立上侧模后就地浇制，拆模后，当强度达到70%时，即可移出存放，以便重复利用场地。

②砖土胎模：其底模和侧模均采用砌砖或夯实土做成，与构件接触面用水泥、

黏土、砂浆抹面，并涂上脱模剂即可。使用土模应做好四周的排水工作。

2）槽身的预制。槽身的预制宜在两排架之间或排架一侧进行。槽身的方向可以垂直或平行于渡槽的纵向轴线，根据吊装设备和方法而定。要避免因预制位置选择不当，从而造成起吊时发生摆动或冲击现象。

3）预应力构件的制造。在制造装配式梁、板及柱时采取预应力钢筋混凝土结构，不仅能提高混凝土的抗裂性与耐久性，减轻构件自重，并可节约钢筋20%～40%。预应力就是在构件使用前，预先加一个力，使构件产生应力，以抵消构件使用时荷载产生相反的应力。制造预应力钢筋混凝土构件的方法很多，基本上可分为先张法和后张法两大类。

先张法就是在浇筑混凝土之前，先将钢筋拉张固定，然后立模浇筑混凝土。等混凝土完全硬化后，去掉拉张设备或剪断钢筋，利用钢筋弹性收缩的作用，通过钢筋与混凝土间的黏结力把压力传给混凝土，使混凝土产生预应力。

后张法就是在混凝土浇好以后再张拉钢筋。这种方法是在设计配置预应力钢筋的部位，预先留出孔道，等到混凝土达到设计强度后，再穿入钢筋进行拉张，拉张锚固后，让混凝土获得压应力，并在孔道内灌浆，最后卸去锚固外面的拉张设备。

（2）渡槽的吊装

1）排架的吊装。槽架下部结构有支柱、横梁和整体排架等。支柱和排架的吊装通常有垂直吊插法和就地旋转立装法两种。

垂直吊插法是用吊装机具将整个排架垂直吊离地面后，再对准并插入基础预留的杯口中校正固定的吊装方法。

就地旋转立装法是把支架当作一个旋转杠杆，其旋转轴心设于架脚，并于基础铰接好，吊装时用起重机吊钩拉吊排架顶部，排架就地旋转立于基础上。

2）槽身的吊装。槽身的吊装，基本上可分为两类，即起重设备架立于地面上吊装及起重设备架立于槽墩或槽身上吊装。

2．现浇式渡槽施工

现浇式渡槽的施工主要包括槽墩和槽身两部分。

（1）槽墩的施工

渡槽槽墩的施工，一般采用常规方法，也可采用滑升模板施工。使用滑升模板时，一般采用坍落度小于2cm的低流态混凝土，同时还需要在混凝土内掺速凝剂，以保证随浇随滑升，不致使混凝土坍塌。

（2）槽身的施工

渡槽槽身的混凝土浇筑，就整座渡槽的浇筑顺序而言，有从一端向另一端推进或从两端向中部推进以及从中部增加两个工作面向两端推进等几种方式。槽身如采取分层浇筑时，必须合理选取分层高度，应尽量减小层数，并提高第一层的浇筑高度。对于断面较小的梁式渡槽一般均采用全断面一次平起浇筑的方式。U形薄壳双悬臂梁式渡槽，一般采用全断面一次平起浇筑。

（三）倒虹吸管施工

介绍现浇钢筋混凝土倒虹吸管的施工。

现浇倒虹吸管施工顺序一般为放样、清基和地基处理，管座施工，管模板的制作与安装，管钢筋的制作与安装；管道接头止水施工；混凝土浇筑；混凝土养护与拆模。

1．管座施工

在清基和地基处理之后，即可进行管座施工。

管座的形式主要有刚性弧形管座、两节点式及中空式刚性管座。

（1）刚性弧形管座

刚性弧形管座通常是一次做好后，再进行管道施工。当管径较大时，管座事先做好，在浇捣管底混凝土时，则需在内模底部开置活动口，以便进料浇捣。为了避免在内模底部开口，也可采用管座分次施工的方法，即先做好底部范围（中心角约80°）的小弧座，以作为外模的一部分，待管底混凝土浇到一定程度时，即边砌小弧座旁的浆砌管座边浇混凝土，直到砌完整个管座为止。

（2）两点式及中空式刚性管座

两点式及中空式刚性管座均事先砌好管座，在基座底部挖空处可用土模代替外模。施工时，对底部回填土要仔细夯实，以防止在浇筑过程中，土壤产生压缩变形而导致混凝土开裂。

2．混凝土的浇筑

在灌区建筑物中，倒虹吸管混凝土对抗拉、抗渗要求比一般结构的混凝土要严格得多。

要求混凝土的水灰比一般控制在0.5～0.6，有条件时可达到0.4左右，坍落度用机械振捣时为4～6cm，人工振捣不应大于6～9cm。含砂率常用值为30%～38%，以采用偏低值为宜。

（1）浇筑顺序

为便于整个管道施工，可每次间隔一节进行浇筑，例如先浇$1^{\#}$、$3^{\#}$、$5^{\#}$管，再浇$2^{\#}$、$4^{\#}$、$6^{\#}$管。

（2）浇筑方式。

一般常见的倒虹吸管有卧式和立式两种。在卧式中，又可分平卧或斜卧，平卧大都是管道通过水平或缓坡地段所采用的一般方式，斜卧多用于进出口山坡陡峻地区，至于立式管道则多采用预制管安装。

1）平卧式浇筑。此浇筑有两种方法，一种是浇筑层与管轴线平行[如图5-30（a）所示]，一般由中间向两端发展，以避免仓中积水，从而增大混凝土的水灰比。这种浇捣方式的缺点是混凝土浇筑缝皆与管轴线平行，刚好和水压产生的拉力方向垂直。一旦发生冷缝，管道最易沿浇筑层（冷缝）产生纵向裂缝，为了克服这一缺点，有采用斜向分层浇筑的，以避免浇筑缝与水压产生的拉力正交，当斜度较大时，浇筑缝的长度可缩短，浇筑缝的间隙时间也可缩短，但这样浇筑的混凝土都呈斜向增高[如图5-30（b）所示]，使砂浆和粗骨料分布不太均匀，加上振捣器都是斜向振捣，不如竖向振捣能保证质量。因此，两种浇筑方法各有利弊。

2）斜卧式浇筑。进出口山坡上常有斜卧式管道，混凝土浇筑时应由低处开始逐渐向高处浇筑，使每层混凝土浇筑层保持水平[如图5-30（c）所示]。

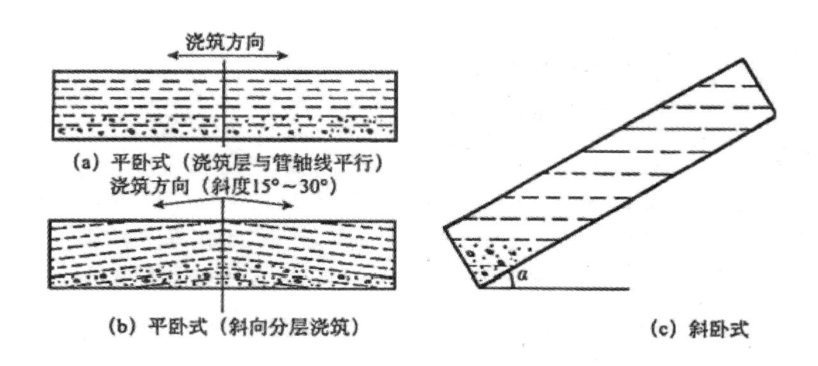

图5-30　混凝土浇筑方式

不论平卧还是斜卧，在浇筑时，都应注意两侧或周围进料均匀，快慢一致。否则，将产生模板位移，导致管壁厚薄不一，而严重影响管道质量。

第三节　橡胶坝

橡胶坝是水利工程应用较为广泛的河道挡水建筑物，是用高强度合成纤维织物作受力骨架，内外涂敷橡胶作保护层，加工成胶布，再将其锚固于底板上成封闭状的坝袋，通过充排管路用水（气）将其充胀形成的袋式挡水坝。坝顶可以溢流，并可根据需要调节坝高，控制上游水位，以发挥灌溉、发电、航运、防洪、挡潮等效益。

在应用时以水或气充胀坝袋，形成挡水坝。不需要挡水时，泄空坝内的水或气，恢复原有河渠的过流断面，在行洪河道的水或气应进行强排，以满足河道行洪在时间上的要求。

一、橡胶坝的形式

橡胶坝分袋式、帆式及刚柔混合结构式三种坝型，比较常用的是袋式坝型。坝袋按充胀介质可分为充水式、充气式和气水混合式；按锚固方式可分为锚固坝和无锚固坝，锚固坝又分单线锚固和双线锚固等。

橡胶坝按岸墙的结构形式可分为直墙式和斜坡式。直墙式橡胶坝的所有锚固均在底板上，橡胶坝坝袋采用堵头式，这种形式结构简单，适应面广，但充坝时在坝袋和岸墙结合部位出现拥肩现象，引起局部溢流，这就要求坝袋和岸墙结合部位尽可能光滑。斜坡式橡胶坝的端锚固设在岸墙上，这种形式坝袋在岸墙和底板的连接处易形成褶皱，在护坡式的河道中，与上下游的连接容易处理。

二、橡胶坝组成及其作用

橡胶坝结构主要由三部分组成

1．土建部分

土建部分包括基础底板、边墩（岸墙）、中墩（多跨式）、上下游翼墙、上下游护坡、上游防渗铺盖或截渗墙、下游消力池、海漫等。铺盖常采用混凝土或黏土结构，厚度视不同材料而定，一般混凝土铺盖厚0.3m，黏土铺盖厚不小于0.5m。护坦（消力池）一般采用混凝土结构，其厚度为0.3～0.5m。海漫一般采用浆砌石、干砌石或铅丝石笼，其厚度一般为0.3～0.5m。

（1）底板。橡胶坝底板形式与坝型有关，一般多采用平底板。枕式坝为减小坝肩，在每跨底板端头一定范围内做成斜坡。端头锚固坝一般都要求底板面平直。对于较大跨度的单个坝段，底板在垂直水流方向上设沉降缝，缝距根据《水闸设计规范》（GB/T5 1023—2014）中的规定确定。

（2）中墩。中墩的作用主要是分隔坝段，安放溢流管道，支承枕式坝两端堵头。

（3）边墩。边墩的作用主要是挡土，安放溢流管道，支承枕式埂端部堵头。

2．坝体（橡胶坝袋）

用高强合成纤维织物作受力骨架，内外涂上合成橡胶作黏结保护层的胶布，锚固在混凝土基础底板上，成封闭袋形，用水（气）的压力充胀，形成柔性挡水坝。主要作用是挡水，并通过充坍坝来控制坝上水位及过坝流量。橡胶坝主要依靠坝袋内的胶布（多采用锦纶帆布）来承受拉力，橡胶保护胶布免受外力的损害。根据坝高不同，坝袋可以选择一布二胶、二布三胶、三布四胶，采用最多的是二布三胶。一般夹层胶厚0.3～0.5mm，内层覆盖胶大于2.0mm，外层覆盖胶大于2.5mm。坝袋表面上涂刷耐老化涂料。

3．控制和安全观测系统

控制和安全观测系统包括充胀和坍落坝体的充排设备、安全及检测装置。

三、橡胶坝设计要点

1．坝址选择

设计时应根据橡胶坝特点和运用要求，综合考虑地形、地质、水流、泥沙、环境影响等因素，经过技术经济比较后确定坝址；宜选在河段相对顺直、水流流态平顺及岸坡稳定的河段；不宜选在冲刷和淤积变化大、断面变化频繁的河段；同时，应考虑施工导流、交通运输、供水供电、运行管理、坝袋检修等条件。

2．工程布置

力求布局合理、结构简单、安全可靠、运行方便、造型美观。宜包括土建、坝体、充排和安全观测系统等；坝长应与河（渠）宽度相适应，坍坝时应能满足河道设计行洪要求，单跨坝长度应满足坝袋制造、运输、安装、检修以及管理要求；取水工程应保证进水口取水和防沙的可靠性。

3．坝袋

作用在坝袋上的主要设计荷载为坝袋外的静水压力和坝袋内的充水（气）压力。

设计内外压比a值的选用应经技术经济比较后确定。充水橡胶坝内外压比值宜选用1.25～1.60；充气橡胶坝内外压比值宜选用0.75～1.10。

坝袋强度设计安全系数充水坝应不小于6.0，充气坝应不小于8.0。

坝袋袋壁承受的径向拉力应根据薄膜理论按平面问题计算。

坝袋袋壁强度、坝袋横断面形状、尺寸及坝体充胀容积的计算。

坝袋胶布除必须满足强度要求外，还应具有耐老化、耐腐蚀、耐磨损、抗冲击、抗屈挠、耐水、耐寒等性能。

4．锚固结构

锚固结构形式可分为螺栓压板锚固、楔块挤压锚固以及胶诞充水锚固三种。应根据工程规模、加工条件、耐久性、施工、维修等条件，经过综合经济比较后选用。

锚固构件必须满足强度与耐久性的要求。

锚固线布置分单锚固线和双锚固线两种。采用岸墙锚固线布置的工程应满足坍坝时坝袋平整不阻水，充坝时坝袋褶皱较少的要求。

对于重要的橡胶坝工程，应做专门的描固结构试验。

5．控制系统

坝袋的充胀与排放所需时间必须与工程的运用要求相适应。

坝袋的充排有动力式和混合式。应根据工程现场条件和使用要求等确定。

充水坝的充水水源应水质洁净。

充排系统的设计包括动力设备、管路、进出水（气）口装置等。

（1）动力设备的设计应根据工程情况、运用管理的可靠性、操作方便等因素，经济合理地选用水泵或空压机的容量及台数。重要的橡胶坝工程应配置备用动力设备。

（2）管路设计应与充、排水（气）时间相适应，做到布置合理、运行可靠及维修方便，具有足够的充排能力。

（3）充水坝袋内的充（排）水口宜设置两个水帽，出口位置应放在能排尽水（气）的地方并在坝内设置导水（气）装置。

（4）寒冷地区管路埋设应满足防冻要求。

6．安全与观测设备

安全设备设置应满足下列要求：

（1）充水坝设置安全溢流设备和排气阀，坝袋内压不超过设计值；排气阀装设在坝袋两端顶部。

（2）充气坝设置安全阀、水封管或U形管等充气压力监测设备。

（3）对建在山区河道、溢流坝上或有突发洪水情况出现的充水式橡胶坝，宜设自动坍坝装置。

观测装置设置宜满足下列要求：

①橡胶坝上、下游水位观测，设置连通管或水位标尺，必要时亦可采用水位传感器。

②坝袋内压力观测设置，充水坝采用坝内连通管；充气坝安装压力表，对重要工程应安装自动监测设备。

7．土建工程

橡胶坝土建工程应包括基础底板、边墩（岸墙）、中墩（多跨式）、上下游翼墙、上下游护坡、上游防渗铺盖或截渗墙、下游消力池、海漫等。

作用在橡胶坝上的设计荷载可分为基本荷载和特殊荷载两类。

基本荷载：结构自重、水重、正常挡水位或埌顶溢流水位时的静水压力、扬压力（包括浮托力和渗透压力）、土压力、泥沙压力等。

特殊荷载：地溪荷载及温度荷载等。

坝底板、岸墙（中墩）应根据地基条件、坝高及上、下游水位差等确定其地下轮廓尺寸。其应力分析应根据不同的地基条件，参照其他规范进行计算；稳定计算可只作防渗、抗滑动计算。

橡胶坝应尽量建在天然地基上；对建在较弱地基上的橡胶坝应进行基础处理。

上、下游护坡工程应根据河岸土质及水流流态分别验算边坡稳定及抗冲能力。护坡长度应大于河底防护的范围。

消力池（护坦）、海漫、铺盖除应满足消能防冲外，还应考虑减轻和防止坝袋振动。对经常溢流的橡胶坝工程，宜设陡坡段与下游消力池（护坦）衔接。应根据运用条件选择最不利的水位和流量组合进行消能防冲计算。

充气橡胶坝的消能防冲计算，应考虑坍坝时坝袋出现凹口引起单宽流量增大的因素。

控制室应满足机电设备布置和操作运行及管理需要，室内地面高程应高于校核洪水位。地下泵房应作防渗、防潮处理。

在已建拦河坝顶或溢洪道上加建橡胶坝时，应对原工程抬高水位后进行稳定及应力校核，并应考虑上游淹没影响和不得降低原有防洪标准。

采用堵头式锚固的橡胶坝应采取有效措施防止端部坍肩。

四、土建工程施工

1．基坑开挖

基坑开挖宜在准备工作就绪后进行，对于砂砾石河床，一般采用反铲挖掘机挖装，自卸汽车运至弃渣区。要求预留一定厚度（20～30cm）的保护层，用人工挖清理至设计高程。

对于坝基础石方开挖，应自上而下进行。设计边坡轮廓面可采用预裂爆破或光面爆破，高度较大的边坡应考虑分台阶开挖；基础岩石开挖时，应采取分层梯段爆破；紧邻水平建基面，可预留保护层进行分层爆破，避免产生大量的爆破裂隙，损害岩体的完整性；设计边坡开挖前，应及时做好开挖边线外的危石处理、削坡、加固和排水等工作。

在开挖过程中，对于降雨积水或地下水渗漏，必须及时抽干，不得长期积水；若地基不满足设计要求，要开挖进行处理，并防止产生局部沉陷。侧墙开挖要严防塌方，以免影响工期。泵房施工及设备安装参照《水利泵站施工及验收规范》（GB/T51033—2014），并注意防渗要求，使橡胶坝能正常运行操作。

2．混凝土施工

主要有坝底板、上游防渗铺盖、下游消力池、边墩（中墩）等混凝土施工。一般从岸边向中间跳仓浇筑，先浇筑坝基混凝土，再浇上游防渗铺盖混凝土、下游消力池混凝土。

坝底板混凝土施工流程：基础开挖→垫层混凝土→共排水管道安装→钢筋制作与安装→埋件与止水安装→模板安装→混凝土浇筑→拆模养护等。混凝土入仓时，注意吊罐卸料口接近仓面，缓慢下料，可采用台阶法或斜层铺筑法，避免扰动钢筋或预埋件。先浇筑沟槽，再浇筑底板。振捣时严禁接触预埋件及钢管。

边墩（中墩）混凝土施工流程：基础开挖→混凝土垫层→供排水管道安装→基础钢筋制作与安装→基础预埋件与止水安装→基础模板制作与安装→基础混凝土浇筑→墩墙钢筋制作与安装→墩墙模板安装→墩墙混凝土浇筑→拆模养护等。边墩（中墩）混凝土施工同坝底板混凝土施工，一般先浇筑基础混凝土，后浇墩墙混凝土。墩墙混凝土施工时，在墙体顶部设置下料漏斗，均匀下料，分层振捣密实。

止水安装如橡皮止水带（条）、铝皮止水等按设计要求进行。施工中按尺寸加工成型，拼组焊接。防止止水卷曲和移位，严禁止水上钉铁钉、穿孔。

3．埋件和锚固

（1）预埋件安装。埋件安装有埋设在一期混凝土、地下和其他砌体中的预埋件，包括供排水管和套管、电气管道及电缆，设备基础、支架、吊架、坝袋锚固螺栓、垫板锚钩等固定件，接地装置等预埋件。

坝袋埋件主要有锚固螺栓和垫板。当坝底板立模、扎筋完成后，应在钢筋上放出锚固槽位置，将垫板按要求摆放到位，在两端焊拉线固定架，拉线确定垫板的中心线和高程控制线，把垫板上抬至设计高程，中心对中然后焊接固定，再进行统一测量和检查调整。全部垫板安装完毕并检查无误后，可将锚固螺栓自下向上穿入垫板锚栓孔内，测量高程，调整垂直度和固定。

锚固螺栓和垫板全部安装完成以后，可安装锚固槽模板和浇筑混凝土。

（2）锚固施工。锚固结构形式可分为螺栓压板锚固和模块挤压锚固。

螺栓压板描固的施工。在预埋螺栓时，可采用活动木夹板固定螺栓位置，用经纬仪测量，螺栓中心线要求成一直线。用水准仪测定螺栓高度，无误差后用木支撑将活动木夹板固定于槽内，再用一根钢筋将所有的钢筋和两侧预埋件焊接在一起，使螺栓首先牢固不动，然后才可向槽内浇筑混凝土。混凝土浇筑一般分为两期：一期混凝土浇筑至距锚固槽底100mm时，应测量螺栓中心位置高程和间距，发现误差及时纠正；二期混凝土浇筑后，在混凝土初凝前再次进行校核工作。压板除按设计尺寸制造外，还要制备少量尺寸不同规格的压板，以适用于拐角等特殊部位。

楔块锚固。必须在基础底板上设置锚固槽，槽的尺寸允许偏差为±5mm，槽口线和槽底线一定要直，槽壁要求光滑平整无凸凹现象。为了便于掌握上述标准，可采用二期混凝土施工。二期混凝土预留的范围可宽一些。浇筑混凝土模块，要严格控制尺寸，允许偏差为小于2mm；特别应保证所有直立面垂直；前模块与后模块的斜面必须吻合，其斜坡角度一般取75°。

锚固线布置分单线锚固、双线锚固两种。单线锚固只有上游一条锚固线，锚线短，锚固件少，但多费坝袋胶布，低坝和充气坝多采用单线锚固。由于单线锚固仅在上游侧锚固，坝袋可动范围大，对坝袋防振防磨损不利，尤其在坝顶溢流时，有可能在下游坝脚处产生负压，将泥沙（或漂浮物）吸进坝袋底部，造成坝袋磨损。双线锚固是将胶布分别锚固于四周，锚线长，锚固件多，安装工作量大相应地处理密封的工作量也大，但由于其四周锚固，坝袋可动范围小，有利于坝袋防振防磨损。

五、坝袋安装

1．安装前检查

坝袋安装前的检查主要有：

（1）模块、基础底板及岸墙混凝土的强度必须达到设计要求。

（2）坝袋与底板及岸墙接触部位应平整光滑。

（3）充排管道应畅通，无渗漏现象。

（4）预埋螺栓、垫板、压板、螺、帽（或锚固槽、模块、木芯）、进出水（气）口、排气孔、超压溢流孔的位置和尺寸应符合设计要求。

（5）坝袋和底垫片运到现场后，应结合就位安装首先复查其尺寸和搬运过程中有无损伤，如有损伤应及时修补或更换。

2．坝袋安装顺序及要求

（1）底垫片就位（指双锚线型坝袋）。对准底板上的中心线和锚固线的位置，将底垫片临时固定于底板锚固槽内和岸墙上，按设计位置开挖进出水口和安装水帽，孔口垫片的四周作补强处理，补强范围为孔径的3倍以上；为避免止水胶片在安装过程中移动，最好将止水胶片粘贴在底垫片上。

（2）坝袋就位。底垫片就位后，将坝袋胶布平铺在底垫片上，先对齐下游端相应的锚固线和中心线，再使其与上游端锚固线和中心线对齐吻合。

（3）双线锚固型坝袋安装。按先下游，后上游，最后岸墙的顺序进行。先从下游底板中心线开始，向左右两侧同时安装，下游锚固好后，将坝袋胶布翻向下游，安装导水胶管，然后再将胶布翻向上游，对准上游锚固中心线，从底板中心线开始向左右两侧同时安装。锚固两侧边墙时，须将坝袋布挂起撑平，从下部向上部锚固。

（4）单线锚固型坝袋的安装。单线锚固只有上游一条锚固线，锚固时从底板中心线开始，向两侧同时安装。先安装底层，装设水帽及导水胶管，放置止水胶，再安装面层胶布。

（5）堵头式橡胶坝袋的安装。先将两侧堵头裙脚锚固好；从底板中线开始，向两侧连续安装锚固。为了避免误差集中在一个小段上，坝袋产生褶皱，不论采用何种方法锚固，锚固时必须严格控制误差的平均分配。

（6）螺栓压板锚固施工步骤。压板要首尾对齐，不平整时要用橡胶片垫平；紧螺帽时，要进行多次拧紧，坝袋充水试验后，再次拧紧螺帽；紧螺帽时宜用扭力扳手，按设定的扭力矩逐个螺栓进行拧紧；卷入的压轴（木芯或钢管）的对接缝应与压板接缝处错开，以免出现软缝，造成局部漏水。

（7）混凝土模块锚固施工步骤。将坝袋胶布与底垫片卷入木芯，推至锚固槽的半圆形小槽内；逐个放入前模块，一个前模块在两头处打入木模块，在前模块中间放入后模块，用大铁锤边打木模块，边打后模块，反复敲打使后模块达到设计深度并挤紧时，才将木模块橇起换上另两块后模块，如此反复进行；当锚固到岸墙与底板转角处，应以锚固槽底高程为控制点，坝袋胶布可在此处放宽300mm左右，这样坝袋胶布就可以满足槽底最大弧度要求。

六、控制、安全和观测系统

1．控制系统

控制系统由水泵（鼓风机或空压机）、机电设备、传感器、管道和阀门等组成。其施工安装要求较高，任何部位漏水（气）都会影响坝袋的使用，在安装中应注意下列事项：

（1）所有闸阀在安装前，都要做压力试验，不漏水（气）才能安装使用。所有仪表在安装前应经调试校验。

（2）充水式橡胶坝的管道大部分用钢管，其弯头、三通和闸阀的连接处均用法兰、橡胶圈止水连接，尽可能用厂家产品。管道在底板分缝处，应加橡胶伸缩节与固定法兰连接。

（3）充气式橡胶坝的管道均采用无缝钢管，为节省管道，进气和排气管路可采用一条主供、排气管。管与管之间尽可能用法兰连接，坝袋内支管与坝袋内总管连接采用三通或弯头。排气管道上设置安全阀，当主供气管内压力超过设计压力时开始动作，以防坝袋超压破坏。另外要在管道上设置压力表，以监测坝袋内压力，总管与支管均设阀门控制。

2．安全系统

安全系统由超压溢流孔、安全阀、压力表、排气孔等组成，该系统的施工要求严密，不得有漏水（气）现象。安装时注意以下几点：

（1）密封性高的设备都要在安装前进行调试，符合设计要求方能安装使用。

（2）安全装置应设置在控制室内或控制室旁，以利随时控制。

（3）超压管的设置，其超压排水（气）能力应不小于进坝的供水（气）量。

3．观测系统

观测系统由压力表、内压检测、上下游水位观测装置等组成，施工中应注意以下几点：

（1）施工安装时一定要掌握仪器精度，要保证其灵活性、可靠性和安全性。

（2）坝袋内压的观测要求独立管理，直接从坝内引管观测，上、下游水位观测要求独立埋管引水，取水点尽量离上下游远点。

（3）坝袋的经纬向拉力观测，要求厂家提供坝袋胶布的伸长率曲线。

七、工程检查与验收

（1）施工期间应检查坝袋、锚固螺栓或模块标号及外形尺寸、安装构件、管道、操作设备的性能。

（2）检查施工单位提供的质量检验记录和分部分项工程质量评定记录，同时需进行抽样检查。

（3）坝袋安装后，必须进行全面检查。在无挡水的条件下，应做坝袋充坝试验；若条件许可，还应进行挡水试验。整个过程应进行下列项目的检查：

①坝袋及安装处的密封性。

②锚固构件的状况。

③坝袋外观观察及变形观测。

④充排、观测系统情况。

⑤充气坝袋内的压力下降情况。

（4）充坝检查后，应排除坝袋内水（气）体，重新紧固描固件。

（5）坝袋以设计坝高为验收标准。验收前的管理维护工作如下：

①工程验收前，应由施工单位负责管理维护。

②对工程施工遗留问题，施工单位必须认真加以处理，并在验收前完成。

③工程竣工后，建设单位应及时组织验收。

第四节　渠道混凝土衬砌机械化施工

国外无论是长距离输水渠还是灌区渠道衬砌混凝土工程多采用机械化衬砌施工。渠道混凝土机械化衬砌技术与设备在国外已有60年左右的发展历史，其中以美国和欧洲公司的产品最具有代表性。主要有美国高马克（Gomaco）公司、G&Z公司和拉克·汉斯（Racho.Hasson）公司、意大利玛森萨（Massenza）公司和德国维特根公司等。

渠道衬砌机分类：从衬砌成型技术方面可分为两类，一类是内置式插入振捣滑模成型衬砌技术；一类是表面振动滚筒碾压成型技术。相应也产生了两类不同衬砌设备。振捣滑模衬砌机大多采用液压振捣棒，而德国采用电动振捣棒。

渠道修整机分类：在渠坡修整技术方面分为三种，即精修坡面旋转铣刨技术；螺旋旋转滚动铣刨技术；回转链斗式精修坡面技术。与其对应产生了不同的渠坡修整机。

混凝土布料技术：有螺旋布料机和皮带布料机技术。螺旋布料机有单螺旋和双螺旋之分。

渠面衬砌：有全断面衬砌、半断面衬砌和渠底衬砌。

自动化程度：有全自动履带行走，自动导向、自动找正；半自动导轮行走，电气控制，手动操作找正。

成套设备：有修整机，衬砌垫层布料机，衬砌机，分缝处理机，人工台车。

国内的渠道混凝土衬砌机械化施工技术与设备是近十几年迅速发展成熟起来的。即以南水北调东线工程为依托，结合国家“十五”重大技术装备研制（科技攻关）——大型渠道混凝土机械化衬砌成型设备研制，水利部“948”大型渠道衬砌技术引进，国家“十一五”重大科技支撑计划——大型渠道设计与施工新技术研究，国家“重大科技成果转化推广项目”和水利部“948科技创新推广项目”——大型渠道混凝土机械化衬砌技术与设备等课题，研制开发了渠道混凝土衬砌机械化施工系列成套技术与设备。

通过大型调水工程，在衬砌技术、机械设备、施工工艺等诸多方面进行了有益的探讨，并取得了很好的效果。随着科技的发展和新材料、新技术的应用，渠道机械化衬砌施工工艺的逐步完善，渠道机械化衬砌设备的国产化程度的提高，渠道机械化衬砌的成本将越来越低。

一、混凝土机械衬砌的优点

大断面渠道衬砌，衬砌混凝土厚度一般较小，在8～15cm，混凝土面积较大，但不同于大体积混凝土施工，目前国内外基本可以分为人工衬砌和机械衬砌。由于人工衬砌速度较慢，质量不均一，施工缝多，逐渐被机械化衬砌所取代。

渠道混凝土机械衬砌施工的优点可归纳如下：

（1）衬砌效率高，一般可达到200m^2/h，约20m；

（2）衬砌质量好，混凝土表面平整、光滑，坡脚过度圆滑、美观，密实度、强度也符合设计要求；

（3）后期维修费用低。

二、混凝土衬砌的施工程序

机械化衬砌又分为滚筒式、滑模式和笼合式。一般在坡长较短的渠道上，可以采用滑模式。滚筒式的使用范围较广，可以应用各种坡长要求。根据衬砌混凝土施工工序，在渠道已经基本成型，坡面预留一定厚度的原状土（可视土方施工者的能力，预留5～20cm），主要工艺流程如图5-31所示。

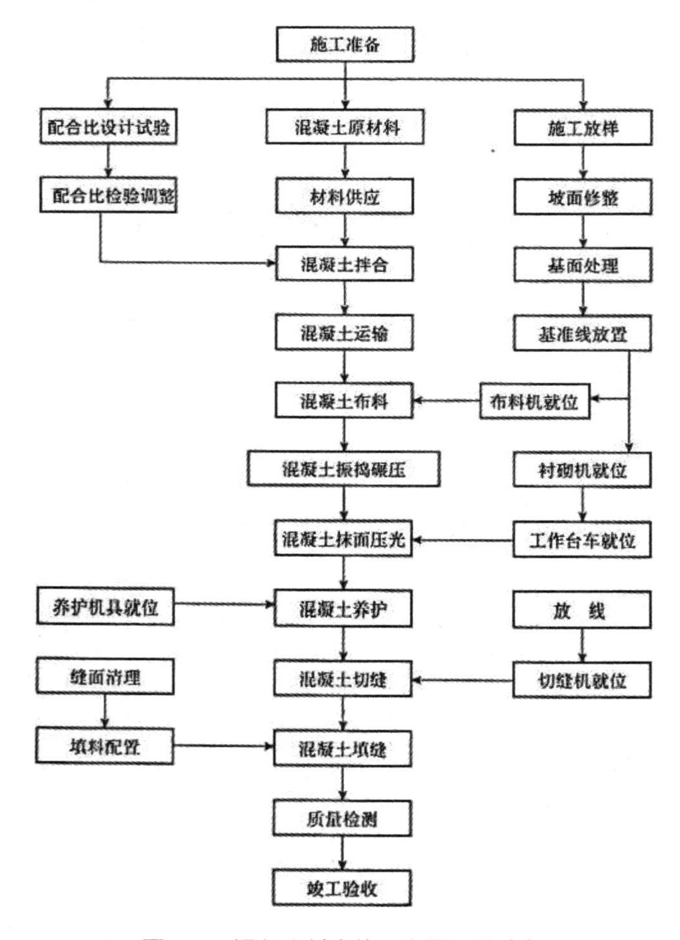

图5-31　混凝土衬砌施工主要工艺流程

三、衬砌坡面修整

渠道开挖时，渠坡预留约30cm的保护层。在衬砌混凝土浇筑前，需要根据渠坡地质条件选用不同的施工方法进行修整。

坡脚齿墙按要求砌筑完后，方可进行削坡。削坡分三步进行：

（1）粗削。削坡前先将河底塑料薄膜铺设好，然后，在每一个伸缩缝处，按设计坡面挖出一条槽，并挂出标准坡面线，按此线进行粗削找平，防止削过。

（2）细削。是指将标准坡面线下混凝土板厚的土方削掉。粗削大致平整后，在两条伸缩缝中间的三分点上加挂两条标准坡面线，从上到下挂水平线依次削平。

（3）刮平。细削完成后，坡面基本平整，这时要用3～4m长的直杆（方木或方铝），在垂直于河中心线的方向上来回刮动，直至刮平。

清坡的方法：

（1）人工清坡。在没有机械设备的条件下，可以使用人工清坡，在需要清理的坡面上设置网格线，根据网格线和坡面的高差，控制坡面高程。根据以往的施工经验，在大坡面上即使严格控制施工质量，误差也在±3cm。这个误差对于衬砌厚度只有8～10cm厚度的混凝土来说，是不允许的。即使是有垫层，也不能满足要求。对于坡长更长的坡面，人工清坡质量是难以控制的。

（2）螺旋式清坡机。该机械在较短的坡面上（不大于10m）效果较好，通过一镶嵌合金的连续螺旋体旋转，将土体进行切削，弃土可以直接送至渠顶，但在过长的坡面上不适应，因为过长的螺旋需要的动力较大，且挠度问题难以解决。

（3）滚齿式。该清坡机沿轨道顺渠道轴线方向行走，一定长度的滚齿旋转切削土体，切削下来的土体抛向渠底，形成平整的原状土坡面。一幅结束后，整机前移，进行下一幅作业。

先由一台削坡机粗削坡，削坡机保留3～4mm的保护层。待具备浇筑条件时，由另一台削坡机精削坡一次修至设计尺寸，并及时铺设保温防渗层。

超挖的部位用与建基面同质的土料或砂砾料补坡，采用人工或小型碾压机械压实。对于因雨水冲刷或局部坍塌的部位，先将坡面清理成锯齿状，再进行补坡。补坡厚度高出设计断面，并按设计要求压实。可采用人工方式也可以使用与衬砌机配套使用的专用渠道修整机精修坡面。

修整后，渠坡上、下边线允许偏差要求控制在±20mm（直线段）或±50mm（曲线段），坡面平整度≤1cm/2m，当上拟砂砾料垫层时平整度≤2cm/2m，高程偏差≤20mm。

渠坡修整后的平整度对保温板铺设的影响较大，土质边坡宜采用机械削坡以保证良好的平整度。

四、砂砾或者胶结砂砾垫层、保温层、防渗层铺设

1．砂砾或者胶结砂砾垫层铺设

根据设计要求渠坡需要铺设砂砾料垫层。垫层砂砾料要求质地坚硬、清洁、级配良好。铺料厚度、含水率、碾压方法及遍数通常根据现场试验确定。铺料及碾压可采用横向振动碾压衬砌机一次完成，表面平整度要求不大于1cm/2m。

采用垫层摊铺机可连续将砂砾或者胶结砂砾料摊铺在坡面和坡脚上，摊铺机振动梁系统同步将其密实成型，工效高，质量好。摊铺后，垫层密实度和坡面、坡脚表面形状误差均可满足设计要求。

垫层铺设后采用灌水（砂）法取样作相对密度检验。每600m^{2}或每压实班至少检测一次，每次测点不少于3个，坡肩、坡脚部位均设测点，检查处人工分层回填捣实。砂砾料或砂料削坡按渠道削坡的有关要求执行。

2．保温层铺设

为满足抗冻（胀）要求，北方冬季低温地区的渠道混凝土衬砌下铺设保温层，保温材料通常采用聚苯乙烯泡沫塑料板。保温板是否紧贴建基面对衬砌面板混凝土能否振捣密实有较大影响。

外观完整，色泽与厚度均匀，表面平整清洁，无缺角、断裂、明显变形。保温板应错缝铺设，平整牢固，板面紧贴渠床，接缝紧密平顺，两板接缝处的高差不大于2mm。板与板之间、板与坡面基础之间紧密结合，聚苯乙烯保温板位置放好后用U形卡从板面钉入砂砾料层固定（梅花状布置），铺好的板上面严禁穿戴钉鞋行走，铺板完成后、铺设复合土工膜之前同样对保温板的接缝、平整度进行检查，平整度控制在±5mm，使用2m靠尺进行检查，接缝控制在0～-2mm。

3．防渗层铺设

防渗层采用复合土工膜（两布一膜），铺设前按设计要求并参照《土工合成材料测试规程》（SL/T235—2012）对各项技术指标进行检测。接缝处土工膜采用双焊缝热熔焊法拼接，充气法检查；土工布采用缝接法拼接。防渗层铺设、焊接完成后应禁止踩踏，以防损坏。

（1）复合土工膜铺设。复合土工膜施工之前首先做焊接试验，焊接抗拉强度至少不能低于母材的80%，从试验得出适合现场实际操作、施工的一些技术参数。

铺设时由坡肩自上而下滚铺至坡脚，中间不出现纵向连接缝。渠坡和渠底结合部以及和下段待铺的复合土工膜部位预留50～80cm搭接长度，坡肩处根据设计蓝图预留80cm复合土工膜的长度。复合土工膜在铺设时先将土工膜按尺寸、匹幅铺好，膜与膜之间不能有褶皱，复合土工膜垂直于水流方向铺设，膜与膜重合10cm进行焊接。铺时将焊接接头预留好后用剪刀剪断。土工膜铺好后进行固定，使用沙袋或其他重物将其压紧。

（2）复合土工膜裁剪。复合土工膜裁剪时以长木条作参照划线引导，保证裁剪

后边缘整齐平顺，使用记号笔按照要求的最少搭接界限标识在接缝处上下两张膜上，保证焊接后的搭接宽度。

遇到建筑物时根据建筑物尺寸在复合土工膜上进行标识，并根据土工膜与建筑物的黏结宽度进行裁剪。

（3）复合土工膜与建筑物粘接。若复合土工膜与墩、柱、墙等建筑物进行粘接，粘接宽度不小于设计要求，建筑物周围复合土工膜充分松弛。保证土工膜与建筑物黏结牢固，防水密封可靠，对土工膜或墩柱进行涂胶之前，将涂胶基面清理干净，保持干燥。涂胶均匀布满黏结面，不出现过厚、漏涂现象。黏结过程和黏结后2h内黏结面不承受任何拉力，并保证黏结面不发生错动。

（4）复合土工膜连接

1）连接顺序：缝合底层土工布、热熔焊接或粘接中层土工膜、缝合上层土工布。

2）土工膜热熔焊接：采用热合爬行机焊接。每天施工前均先作工艺试验，确定当天焊机的温度、速度、档位等工作参数。施工时应根据天气情况适时调整。环境气温在5～35℃，进行正常焊接。气温低于5℃时，焊接前对搭接面进行加热处理。当环境温度和不利的天气条件严重影响土工膜焊接时，不作业；焊接机械采用ZPH-501或ZPH-210型土工膜焊接机，温度控制在420～450℃，焊机挡位控制在3～3.5挡，焊机行走速度控制在4.4～4.8m/min，保证不出现虚焊、漏焊和超量焊等现象。

土工膜焊接前将土工膜焊接面上的尘土、泥土、油污等杂物清理干净，水气用吹风机吹干，保证焊接面清洁干燥。多块土工膜连接时，接头缝相互错开100cm以上，焊接形成“T”字形结点，不出现“十”字形。

采用双焊缝焊接。双焊缝宽度采用2×10mm，搭接宽度10cm，焊缝间留有约1cm的空腔。在焊接过程中和焊接后2h内，保证焊接面不承受任何拉力及焊接面错动。

当施工中焊缝出现脱空、收缩起皱及扭曲鼓包等现象时，将其裁剪剔除后重新进行焊接。出现虚焊、漏焊时，用特制焊枪补焊。

焊机定期进行保养和维护，及时清理杂物。

3）土工布缝合：将上层土工布和中层土工膜向两侧翻叠，先将底层土工布铺平、搭接、对齐，进行缝合。土工布缝合采用手提缝包机，缝合时针距控制在6mm左右，保证连接面松紧适度、自然平顺，土工膜与土工布联合受力。上层土工布缝合方法与下层土工布缝合方法相同，土工布缝合强度不低于母材的70%。

（5）复合土工膜保护措施：

复合土工膜专车运输。装卸、搬运时不拖拉、硬拽，不使用任何可能对复合土工膜造成损伤的机具，避免尖锐物刺伤；复合土工膜铺设人员穿软底鞋，严禁穿硬底鞋或穿钉鞋作业；铺设好的复合土工膜由专人看管。严禁在复合土工膜上进行一切可能引起复合土工膜损坏的施工作业；堤顶预留的土工膜及时挖槽用土封压，坡脚部位土工膜用彩条布包裹并用沙袋拟压保护，衬砌混凝土浇筑时，保证模板的支立和固定不造成复合土工膜破坏，采用在模板的辅助装置上压置重物、设置支撑等方法支立和固定模板；铺设过程中，采用沙袋或软性重物压重的方法，防止大风对已铺设土工膜造成破坏；施工现场严禁烟火，电气焊作业远离复合土工膜。

五、浇筑衬砌

渠坡混凝土浇筑衬砌是渠道工程的核心工作内容。

渠道衬砌按部位不同可分为渠坡衬砌和渠底衬砌，按地质条件不同可分为石渠、土渠、砂砾石渠道衬砌以及膨胀土、湿陷性黄土地区的渠道衬砌。石渠段由于边坡较陡，现有渠道衬砌机尚不能满足使用要求。土质渠段和砂砾石渠段边坡通常较缓（1∶2～1∶3），采用衬砌机可取得良好效果。对于渠底衬砌，采用传统的人工拖模施工方法或专用的摊铺设备即可满足进度和质量要求。

针对渠道衬砌混凝土面板超薄无筋、施工强度高、速度快、受气候因素影响大等特点，采用机械化施工的衬砌混凝土配合比应专门研究确定，保证混凝土下料后不分离，振捣后密实均匀。衬砌混凝土浇筑前宜进行生产性施工检验，以便验证混凝土配合比、衬砌设备工作参数及施工工艺的合理性。施工过程中，各类技术参数应根据地质、气候等实际情况适时调整。

（一）准备工作

砂砾料防冻胀层、聚苯乙烯保温板和复合土工膜经验收合格；校核基准线；拌和系统运转正常，运输车辆准备就绪；工作台车、养护洒水车等辅助施工设备运转正常；衬砌机设定到正确高度和位置：检查衬砌板厚的设置，板厚与设计值的允许偏差为-5%～+20%。

（二）衬砌机的安装

国内衬砌机均为采用轨道式，控制好轨道线是衬砌机定位的关键。根据设计渠道纵轴线、渠道断面尺寸和衬砌机的特性，用全站仪放出渠顶和渠底的轨道中心线，及轨道顶面高程，人工精心铺设。轨道基底要求平整、密实便于控制渠坡衬砌厚度，渠底有地下水的情况必须先对地基进行相应处理（局部换填或浇筑混凝土垫层），避免轨道基底沉陷影响衬砌质量。

（三）模板安装

完成土工膜铺设后开始侧模安装，测量放样出面板横缝位置线和面板顶面及底面线，严格按设计线控制其平整度，不出现陡坎接头。侧模及端头模板均采用10s槽钢安装模板时，在背面钢筋上加压沙袋对模板进行固定。齿槽和坡肩侧模板采用定型钢模板，混凝土衬砌施工过程中测量人员随时对模板进行校核，保证混凝土分缝顺直。

（四）混凝土拌制

渠道混凝土所用的原材料，如水泥、粉煤灰、砂石骨料、外加剂等原材料要符合设计和有关规范要求。衬砌混凝土配合比由试验室提供，保证满足耐久性、强度和经济性等基本要求，并适应机械化施工的工作性要求。骨料的最大粒径不大于衬砌混凝土板厚度的1/3。混凝土拌合物的坍落度为7～9cm。

衬砌混凝土的用水量、砂率、水灰比及掺和料以例通过优化试验确定。配合比参数不得随意变更，当气候和运输条件变化时，微调水量，维持入仓坍落度不变，保证衬砌混凝土机械化施工的工作性。

外加剂采用后掺法掺入，以液体形式掺加，其浓度和掺量根据配合比试验确定。混凝土的拌制时间通过试验确定，混凝土随拌、随运、随用，因故发生分离、漏浆、严重泌水、班落度降低等问题时，在浇筑现场重新拌合，若混凝土已初凝，作废料处理。

衬砌厚度的控制由衬砌机的液压升降支腿和内贤的模板进行调节控制，轨道铺设纵坡比率与渠道的纵坡比率一致，在衬砌过程中使用自制的高程标签插入到已铺好的混凝土中检查衬砌厚度（包括虚铺厚度及压光后的厚度），坡肩、坡面、坡脚处均设侧点，如发现厚度有误差及时进行调整。

（五）衬砌混凝土浇筑

在混凝土衬砌基层检查合格后，进行混凝土衬砌施工。混凝土熟料由混凝土搅拌车运输至布料机进料口，采用螺旋布料器布料，开动螺旋输料器均匀布置。开动振动器和纵向行走开关，边输料边振动，边行走。布料较多时，开动反转功能，将混凝土料收回。布料宽度达到2～3m时，开动成型机，启动工作部分开始二次振捣、提浆、整平。施工时料位的正常高度应在螺旋布料器叶片最高点以下，保证不缺料。30cm段护顶混凝土与渠坡混凝土一次成型。使用滑膜衬砌机时完成一段渠坡衬砌后往前行进。用同衬砌厚度相同的槽钢作为上下边模板，安装在上口设计水平段外边线和坡脚齿槽外边线处，并用钢筋桩与底基定位。防止边脚混凝土坍塌变形。

滑模衬砌机施工出现的局部混凝土面缺陷由人工进行修补，保证衬砌面的平整。

混凝土浇筑过程中应高度重视振捣工艺，确保混凝土振捣密实、表面出浆，避免漏振、过振或欠振，浇筑后应避免扰动，严禁踩踏。渠底混凝土浇筑时，要避免雨水、渠坡养护水、地下水等外来水流入仓位，影响混凝土浇筑质量或对已浇筑完成的混凝土造成破坏。渠底混凝土严重的泌水问题通常会导致成品混凝土遭受冻融或表面剥蚀损坏，施工时应采取恰当的处理措施。

当衬砌机出现故障时，立即通知拌和站停止生产，在故障排除衬砌机内混凝土尚未初凝时，继续衬砌。停机时间超过2h，及时将衬砌机驶离工作面，清理仓内混凝土，故障出现后对已浇筑的混凝土进行严格的质量检查，并清除分缝位置以外的浇筑物，为恢复衬砌作业做好准备。混凝土终凝后及时铺盖棉毡洒水养护，割缝完成后，进行第二次覆盖。

（六）衬砌混凝土表面成型

衬砌混凝土初凝前应采用与混凝土衬砌机配套的专用抹面压光机及时进行抹面压光，表面平整度控制在5mm/2m。

混凝土浇筑完成后要及时提浆抹面，确定合理的收面时机和抹面遍数，既要保证衬砌混凝土面板的平整度，又要避免过度抹光，严禁扰动已初凝的混凝土，杜绝二次洒水、撒灰抹面。

（1）采用混凝土抹光机+人工进行表面成型

抹光机抹盘抹面具有对混凝土挤压及提浆整平功能，压光由人工完成。并配备2m靠尺跟踪检测平整度，混凝土表面平整度控制在5mm/2m。人工采用钢抹子抹面，一般为2～3遍。初凝前及时进行压光处理，清除表面气泡，使混凝土表面平整、光滑、无抹痕。衬砌抹面施工严禁洒水、撒水泥、涂抹砂浆。抹光机将自下而上，由左到右按顺序有搭接地进行。

抹光机整面后，人工用钢抹子随后进行压光出面。压光由渠坡横断面最初施工的一侧向另一侧推行，在施工时及时用2m靠尺检查，对不符合要求的及时处理，确保出面光滑平整。表面平整度要求控制在5mm/2m以内。

（2）采用多功能混凝土表面成型机进行表面成型

多功能混凝土表面成型机具有对混凝土表面挤压、提浆整平及压光功能。工作方式与振动碾压成型机基本相同。

（七）伸缩缝施工

1．一般规定

（1）伸缩缝按缝深分为半缝和通缝。半缝深度为混凝土板厚的0.5～0.75倍。通缝深度：预留缝为贯穿混凝土板厚度，割缝为混凝土板厚的0.9倍。

（2）伸缩缝按方向可分为横缝和纵缝。横缝垂直于渠轴线，纵缝平行于渠轴线。

（3）伸缩缝宽度为1～2cm。

（4）伸缩缝下部用聚乙烯闭孔泡沫板填充，顶部2cm用聚硫密封胶填充，如图5-32所示。

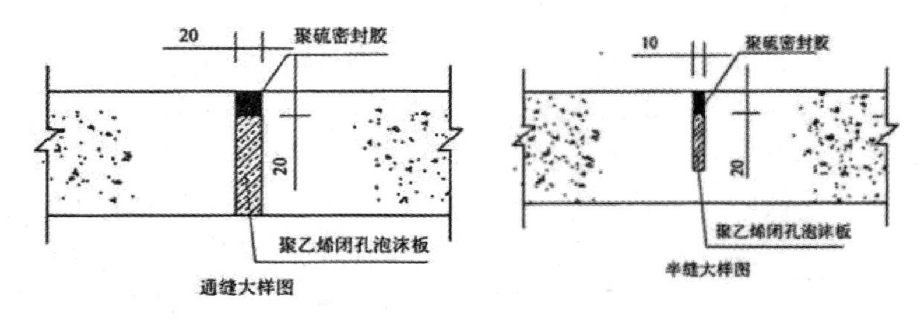

图5-32　伸缩缝结构图

2．施工方法

（1）伸缩缝形成

通缝可采取预留方法。按设计通缝位置支立模板，浇筑模板内混凝土，混凝土达到一定强度后，拆除模板，在混凝土立面上粘贴聚乙烯闭孔泡沫板和顶部2cm的预留物（聚乙烯闭孔泡沫板、泡沫保温板等材料），再浇筑聚乙烯闭孔泡沫塑料板另一侧的混凝土，待伸缩缝两侧的衬砌混凝土达到一定强度后，取上部2cm的预留物，填充聚硫密封胶。

半缝及通缝均可采取混凝土切割机切割。切缝前应按设计分缝位置，用墨斗在衬砌混凝土表面弹出切缝线。混凝土切割机宜采用桁架支撑导向，以保证切缝顺直，位置准确。无法使用桁架支撑导向部位（如坡肩、齿槽、桥梁、排水井等部位）人工导向切割。宜先切割通缝，后切割半缝。

1）混凝土切割。桁架与衬砌机共用轨道，设置自行走系统。

纵缝切割：根据纵缝数量配备混凝土切割机，调整桁架的升降系统控制切割深度，通过桁架自行走控制桁架沿纵缝方向的行走速度，一次完成多条纵缝的切割。

横缝切割：调整桁架的升降系统控制切割深度，通过牵引系统控制混凝土切割机沿横缝方向的行走速度（在支撑桁架内设置混凝土切割机的行走系统），一次完成一条横缝的切割。

2）人工切割。切割时通过手柄连杆机构，转动手轮使前轮升降，进行切割深度的调节。

坡面横缝一般由坡脚向坡肩切割。坡肩上同定一手动辘轳，将辘轳上的钢丝绳与切割机相连。切割时，一人操作切割机，控制切割深度和直线度。另一人控制切割速度，匀速摇动坡肩上的辘轳，牵引切割机以适宜的速度向坡肩移动。

坡面纵缝一般采用简易支撑架支撑切割机进行切割。由坡脚开始向坡肩顺次切割。简易支撑架在已经切割完成的分缝内插入固定钢钎，钢钎上横放的8cm的槽钢或方管（1），（1）上纵放的8cm槽钢或方管（2）和（2）上横放的10cm方管组成。根据待切缝处的位置设立支撑（1）的长度。操作人员推动切割机在10cm方管上行走完成切割工作。详见图5-33。

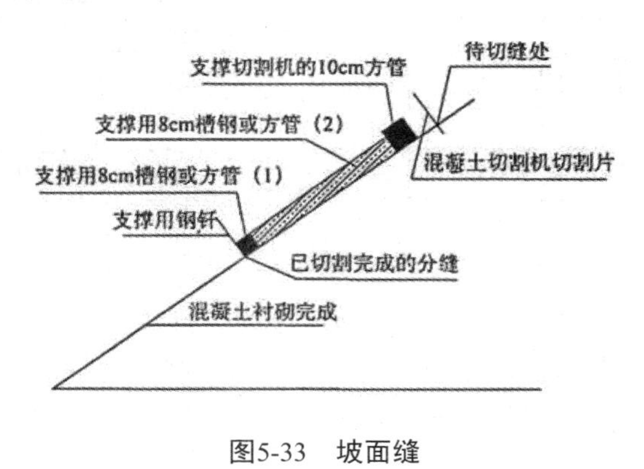

图5-33　坡面缝

说明：钢钎一般为直径8mm的圆钢，间距为50cm左右；横向支撑为8cm槽钢或方管（1），长度一般为2m左右；纵向支撑为8cm槽钢或方管（2），间距一般为1m左右；横向支撑切割机的10cm方管长度一般为2m左右。

渠底割缝，一般为一人牵引切割机，一人控制切割机，根据切割线完成切割工作。

切缝施工宜在衬砌混凝土抗压强度不低于5MPa，且施工人员及切割机在切缝作业时不造成混凝土表面损坏时切割。可在渠道浇筑过程中，做一组或二组同条件养护的试块，根据试块的抗压强度，确定切缝的最佳时机。可参考：

当日平均气温＜10℃时，最长时间不宜超过2d；

当日平均气温在10～15℃时，开始切割时间一般不超过24h；

当日平均气温＞15℃时，混凝土表面人可以行走时就开始切割。

为防止混凝土初裂，采取隔缝切割方法，未切缝在2d以后补切。

（2）伸缩缝清理

切割缝的缝面应用钢丝刷、手提式砂轮机修整，用空气压缩机将缝内的灰尘与余渣吹净。填充前缝面应洁净干燥。闭孔泡沫塑料板应采用专用工具压入缝内，并保证上层填充密封胶的深度符合设计要求。

（3）填充密封胶

1）密封胶施工工艺流程（图5-34）：

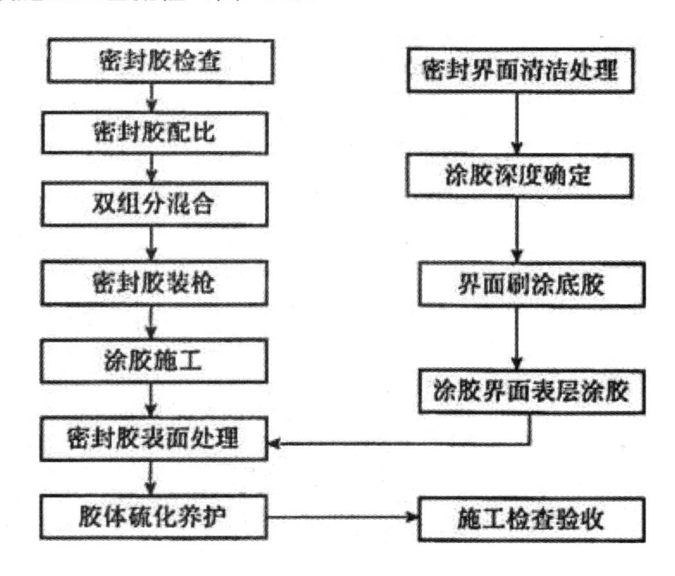

图5-34　密封胶施工流程

明渠专用聚硫密封胶由A、B两组分组成，施工时按厂家说明书进行配制与操作。

在清理完成的伸缩缝两侧粘贴胶带。胶带宽一般为3～5cm，胶带距伸缩缝边缘为0.5cm。用毛刷在伸缩缝两侧均匀地刷涂一层底涂料，20～30min后用刮刀向涂胶面上涂3～5mm密封胶，并反复挤压，使密封胶与被黏结界面更好地浸润。用注胶枪向伸缩缝中注胶，注胶过程中使胶料全部压入并压实，保证涂胶深度。

3．质量控制

（1）切缝质量控制

按设计伸缩缝宽度购买混凝土切割片。在切割片上用红色油漆做好切割深度标识。切缝时锯片磨损较大，施工过程中经常用钢板尺检查切缝的宽度和深度，当不能满足设计要求时及时更换锯片。

（2）注胶质量控制

伸缩缝缝面必须用手提砂轮机或钢丝刷进行表面处理，用空气压缩机将缝内的灰尘与余渣吹净，黏结面必须干燥、清洁、无油污和粉尘。

注胶前必须进行缝深、缝宽的检查，确保聚硫密封胶充填厚度。

施胶完毕的伸缩缝：胶层表面应无裂缝和气泡，表面平整光滑；涂胶饱满且无脱胶和漏胶现象，胶体颜色均匀一致。

密封胶与伸缩缝粘接牢固，粘接缝按要求整齐平滑，经养护完全硫化成弹性体后，胶体硬度应达到设计要求。

混合后的密封胶要确保在要求的时间内用完，过期的胶料不能再同新的密封胶一起使用。

若要进行密封效果满水或带压试验，必须待密封胶完全硫化后（7～14d）方可进行。

（八）养护

衬砌混凝土养护时间与普通混凝土一样，养护方式大致可分为喷雾养护、洒水养护、铺塑料薄膜养护、铺草帘、毡布等保湿养护及养护剂养护等。由于渠道衬砌施工速度快、线路长、面积大、混凝土面板厚度、所处环境气候变化大，养护不到位易使混凝土水分散失加快，造成水化作用不充分，从而导致混凝土强度不足、裂缝大量产生。因此，养护工作至关重要，应引起高度重视。

混凝土面层浇筑完毕后及时养护，在纵、横方向均匀洒布养护剂，喷洒要均匀，成膜厚度一致，喷洒时间在表面混凝土泌水完毕后进行，喷洒高度控制在0.5～1m。除喷洒上表面外，板两侧也要喷洒。然后喷洒一次水，覆盖薄膜，养护不少于28d。

（九）特殊天气施工

在渠道混凝土衬砌施工过程中如遇到特殊气候条件，要采取应急措施，保证衬砌混凝土施工质量。

1．风天施工

采取必要的防范措施，防止塑性收缩裂缝产生。适当调整混凝土用水量，增加混凝土出机口的坍落度1～2cm。在衬砌的作业面及时收面并立即养护，对已经衬砌完成并出面的浇筑段及时采取覆盖塑料布等养护措施。

2．雨天施工

雨季施工要收集气象资料，并制定雨季雨天衬砌施工应急预案。砂石料场做好排水通道，运输工具增加防雨及防滑措施，浇筑仓面准备防雨覆盖材料，以备突发阵雨时遮盖混凝土表面。当浇筑期间降雨时，启动应急预案，浇筑仓面搭棚遮挡防雨水冲刷。降雨停止后必须清除仓面积水，不得带水抹面压光作业。降雨过后若衬砌混凝土尚未初凝，对混凝土表面进行适当的处理后才能继续施工；否则应按施工缝处理。雨后继续施工，需重新检测骨料含水率，并适时调整混凝土配合比中的水量。

3．高温季节施工

日最高气温超过30℃时，应采取相应措施保证入仓混凝土温度不超过28℃。加强混凝土出机口和入仓混凝土的温度检测频率，并应有专门记录。

高温季节施工可增加骨料堆高，骨料场搭设防晒遮阳棚、骨料表面洒水降温等措施降低混凝土原材料的温度，并合理安排浇筑时间、掺加高效缓凝减水剂、采用加冰或加冰水拌合、对骨料进行预冷等方法降低混凝土的入仓温度。混凝土运输罐车采取防晒措施、混凝土输送带搭建防晒棚等措施降低入仓温度。

4．低温施工

当日平均气温连续5d稳定在5℃以下或现场最低气温在0℃以下时，不宜施工。如因需要继续施工，应采取措施保证混凝拌合物的入仓温度不低于5℃；当日平均气温低于0℃时，应停止施工。

低温季节施工可增加骨料堆高和覆盖保温方式，掺加防冻剂、热水拌和等措施。拌和水温一般不超过60℃，当超过60℃时，改变拌和加料顺序，将骨料与水先拌和，然后加入水泥拌和，以免水泥假凝。在混凝土拌和前，用热水冲洗拌和机，并将积水或冰水排出，使拌和机体处于正温状态。混凝土拌和时间比常温季节适当延长20%～25%。对混凝土运输车车罐采取保温措施，尽量缩短混凝土运输时间。对衬砌成型的混凝土及时覆盖保温或采取蓄热保温措施保温养护。

六、衬砌质量控制与检测

在衬砌过程中经常检查衬砌厚度，如有误差及时调整。

混凝土初凝前用2m靠尺随时检测平整度。注意坡肩、坡脚模板的保护，确保坡肩、坡脚的顺直。

现场混凝土质量检查以抗压强度为主，并以150mm立方体试件的抗压强度为标准。混凝土试件以出机口随机取样为主，每组混凝土的3个试件应在同一储料斗或运输车箱内的混凝土中取样制作。浇筑地点试件取样数量宜为机口取样数量的10%。同一强度等级混凝土试件取样数量应符合下列要求：

抗压强度：每次开盘宜取样一组，并满足以28d龄期，每100m^{3}成型一组，设计龄期每200m^3成型一组的要求；

抗冻、抗渗指标：其数量可按每季度施工的主要部位取样成型1～2组；

抗拉强度：对于28d龄期每2000m^3成型一组，设计龄期每3000m^3成型一组。

在生产施工检验中，应对衬砌混凝土按《渠道混凝土衬砌机械化施工技术规程》（NSBD 5—2006）进行现场芯样强度试验。

混凝土浇筑施工现场应按班次详细记录本班组衬砌施工的情况。

第六章　水利工程混凝土工程

自从1824年波特兰水泥问世，1850年出现钢筋混凝土以来，混凝土材料已广泛应用于工程建设，如各类建筑工程、构筑物、桥梁、港口码头、水利工程等各个领域。

混凝土是由水泥、石灰、石膏等无机胶结料与水或沥青、树脂等有机胶结料的胶状物与粗细骨料，必要时掺入矿物质混合材料和外加剂，按适当比例配合，经过均匀搅拌，密实成型及一定温湿条件下养护硬化而成的一种复合材料。

随着工程界对混凝土的特性提出更多和更高的要求，混凝土的种类更加多样化。如高强度高性能混凝土、流态自密混凝土和泵送混凝土、干贫碾压混凝土等。随着科学技术的进步，混凝土的施工方法和工艺也不断改进，薄层碾压浇筑、预制装配、喷锚支护、滑模施工等新工艺相继出现。在水利水电工程中，混凝土的应用非常广泛，而且用量特别巨大。

第一节　混凝土的质量控制要点

混凝土的质量控制，必须从原材料和配合比开始，到新拌混凝土以及硬化混凝土，进行全过程的质量检测和控制。按施工过程先后顺序考虑，混凝土施工质量检测和控制主要包括：原材料的质量检测和控制，新拌混凝土的检测与控制，浇筑过程中混凝土的检测与控制，硬化混凝土试样及芯样的检测。

一、原材料的质量检测和控制

混凝土原材料的质量应满足国家颁发或部颁发的水泥、混合材料、砂石骨料和外加剂的质量标准。必须对原材料的质量进行检测与控制，并建立一套科学的质量管理方法。对原材料进行检测的目的是检查原材料的质量是否符合标准，并根据检测结果调整混凝土配合比和改善生产工艺，评定原材料的生产控制水平。原材料的检测项目和抽样频数按有关规范确定。

二、拌合混凝土质量的检测与控制

混凝土质量检测与控制的重点是出拌合机后未凝固的新拌混凝土的质量，目的是及时发现施工中的失控因素，加以调整，避免造成质量事故。同时也成型一定数量的强度检测试件，用以评定混凝土质量是否满足设计要求和评定混凝土施工质量控制水平。

每盘混凝土各组成材料称量准确与否，是影响混凝土质量的重要因素。因此应对衡器定期进行检验。水泥、砂、石和混合材料应按重量计，水和外加剂可按重量折成体积计。为了使抽样能真实反映混凝土质量情况，在抽样时必须注意以下两点：①检测人员应严格遵守操作规程，把试验误差控制在允许范围内，否则将因增大试验操作的变异而影响正确的统计评定。②随机抽样是获得正确统计评价的首要一环。检测人员应完全避免有选择地抽样。在决定抽样方案时应把人为因素减至最低限度。目前一般多采用定时定点抽样。

三、浇筑过程中混凝土的检测与控制

混凝土出拌合机以后，经运输到达仓内。不同环境条件和不同运输工具对于混凝土的和易性产生不同的影响。由于水泥水化作用的进行，水分的蒸发以及砂浆损失等原因，会使混凝土坍落度降低。如果坍落度降低过多，超出了所用振捣器性能范围，则不可能获得振捣密实的混凝土。因此，仓面应进行混凝土坍落度检测，每班至少2次，并根据检测结果，调整出机口坍落度，为坍落度损失预留余地。

混凝土温度的检测也是仓面质量控制的项目，在温控要求严格的部位则尤为重要。为了与机口取样作比较，在浇筑仓面也取一定数量的试样。

混凝土振捣以后，上层混凝土覆盖以前，混凝土的性能也在不断发生变化。如果混凝土已经初凝，则会影响与上层混凝土的结合。因此，检查已浇混凝土的状况，判断其是否初凝，从而决定上层混凝土是否允许继续浇筑，是仓面质量控制的重要内容。

四、硬化混凝土的检测

混凝土硬化以后，是否符合设计要求，可进行以下各项检查：用物理方法（超声波、γ射线、红外线等）检测裂缝、孔隙和弹模等。钻孔压水，并对芯样进行抗压、抗拉、抗渗等各种试验。大钻孔取样，1m或更大直径的钻孔不仅可把芯样加工后进行各种试验，而且人可进入孔内检查。

混凝土的施工程序多，影响混凝土质量的因素也多。因此，在混凝土施工前要充分做好准备工作，排除影响质量的隐患；在施工过程中每个环节都要严格把关；施工完成后要做好混凝土的保养和养护工作。

第二节　钢筋工程

一、钢筋的种类、规格及性能要求

（一）钢筋的种类和规格

钢筋种类繁多，按照不同的方法分类如下：①按照钢筋外形分：光面钢筋（圆钢）、变形钢筋（螺纹、人字纹、月牙肋）、钢丝、钢绞线。②按照钢筋的化学成分分：碳素钢（常用低碳钢）、合金钢（低合金钢）。③按照钢筋的屈服强度分：235、335、400、500级钢筋。④按照钢筋的作用分：受力钢筋（受拉、受压、弯起钢筋），构造钢筋（分布筋、箍筋、架立筋、腰筋及拉筋）。

（二）钢筋的性能

水利工程钢筋混凝土常用的钢筋为热轧钢筋。从外形可分为光圆钢筋和带肋钢筋。与光圆钢筋相比，带肋钢筋与混凝土之间的握裹力大，共同工作的性能较好。

热轧光圆钢筋（hot rolled plain bars）是指经热轧成型，横截面通常为圆形，表面光滑的成品钢筋。牌号由HPB加屈服强度特征值构成。光圆钢筋的种类有HPB235和HPB300。

带肋钢筋（ribbed bars）指横截面通常为圆形，且表面带肋的混凝土结构用钢材。带肋钢筋按生产工艺分为热轧钢筋和热轧后带有控制冷却并自回火处理的钢筋。普通热轧带肋钢筋牌号由HRB加屈服强度特征值构成，如HRB335、HRB400、HRB500。热轧后带有控制冷却并自回火处理的钢筋牌号由HRB加屈服强度特征值构成，如HRB335、HRB400、HRB500。

热轧钢筋的力学性能见表6-1。

表6-1　热轧钢筋的机械性能

品种	牌号	公称直径/mm	屈服点/MPa	抗拉强度/MPa	伸长率/A%	伸长率A/%
		不小于				
光圆钢筋	HPB	5.5～20	235	370	23	10
	HPB		300	400		
带肋钢筋	HRB	6～50	335	540	17	
	HRB		400	630	17	
	HRB		500	390	16	

续表

品种	牌号	公称直径/mm	屈服点/MPa	抗拉强度/MPa	伸长率/A%	伸长率A/%
		不小于				
	HRB		335	335	16	
	HRB		400	575	16	
	HRB		500	500	14	

二、钢筋的加工

工厂生产的钢筋应有出厂证明和试验报告单，运至工地后应根据不同等级、钢号、规格及生产厂家分批分类堆放，不得混淆，且应立牌以方便识别。应按施工规范要求，使用前做抗拉和冷弯试验，需要焊接的钢筋尚应做好焊接工艺试验。

钢筋的加工包括调直、除锈、切断、弯曲和连接等工序。

（一）钢筋调直、除锈

钢筋就其直径而言可分为两大类。直径小于等于12mm卷成盘条的叫轻筋，大于12mm呈棒状的叫重筋。调直直径12mm以下的钢筋，主要采用卷扬机拉直或用调直机调直。对钢筋进行强力拉伸，称为钢筋的冷拉。钢筋在调直机上调直后，其表面伤痕不得使钢筋截面面积减少5%以上。对于直径大于30mm的钢筋，可用弯筋机进行调直。

钢筋表面的鳞锈，会影响钢筋与混凝土的黏结，可用锤敲或用钢丝刷清除。对于一般浮锈可不必清除。对锈蚀严重者应用风砂枪和除锈机除锈。

（二）钢筋切断

切断钢筋可用钢筋切断机完成。对于直径22～40mm的钢筋，一般采用单根切断；对于直径在22mm以下的钢筋，则可一次切断数根。对于直径大于40mm的钢筋。要用氧气切割或电弧切割。

（三）钢筋连接

钢筋连接常用的方法有焊接连接、机械连接和绑扎连接。①钢筋焊接连接。钢筋的焊接质量与钢材的可焊性、焊接工艺有关。钢筋焊接分为压焊和熔焊两种形式。压焊包括闪光对焊、电阻点焊等，熔焊有电弧焊、电渣压力焊等。②钢筋机械连接。钢筋机械连接是通过连接件的机械咬合作用或钢筋端面的承压作用，将一根钢筋中的力传递至另一根钢筋的连接方法。在确保钢筋接头质量、改善施工环境、提高工作效率、保证工程进度方面具有明显优势。三峡工程永久船闸输水系统所用钢筋就是采用机械连接技术。常用的钢筋机械连接类型有挤压连接、锥螺纹连接等。

（四）钢筋弯曲成型

弯曲成型的方法分手工和机械两种。手工弯筋，可采用板柱铁板的扳手，弯制直径25mm以下的钢筋。对于大弧度环形钢筋的弯制，则在方木拼成的工作台上进行。弯制时，先在台面上画出标准弧线，并在弧线内侧钉上内排扒钉（其间距较密，曲率可适当加大，因考虑钢筋弯曲后的回弹变形）。然后在弧线外侧的一端钉上1～2只扒钉。再将钢筋的一端夹在内、外扒钉之间；另一端用绳索试拉，经往返回弹数次，直到钢筋与标准弧线吻合，即为合格。

大量的弯筋工作，除大弧度环形钢筋外，宜采用弯筋机弯制，以提高工效和质量。常用的弯筋机，可弯制直径6～40mm的钢筋。弯筋机上的几个插孔，可根据弯筋需要进行选择，并插入插棍。

钢筋加工应尽量减小偏差，并将偏差控制在表6-2的允许范围内。

表6-2　加工后钢筋的允许偏差

<table>
<tr><th>项次</th><th colspan="2">偏差名称</th><th>允许偏差值</th></tr>
<tr><td>1</td><td colspan="2">受力钢筋全长净尺寸的偏差</td><td>±10mm</td></tr>
<tr><td>2</td><td colspan="2">箍筋各部分的长度的偏差</td><td>±5mm</td></tr>
<tr><td rowspan="2">3</td><td rowspan="2">钢筋弯起点位置的偏差</td><td>厂房结构</td><td>±20mm</td></tr>
<tr><td>大体积混凝土</td><td>±30mm</td></tr>
<tr><td>4</td><td colspan="2">钢筋转交的偏差</td><td>±3°</td></tr>
</table>

三、钢筋的安装

钢筋的安装可采用散装和整装两种方式。散装是将加工成型的单根钢筋运到工作面，按设计图纸绑扎或电焊成型。散装对运输要求相对较低，不受设备条件限制，但功效低，高空作业安全性差，且质量不易保证。对机械化程度较高的大中型工程，已逐步为整装所代替。

整装是将加工成型的钢筋，在焊接车间用点焊焊接交叉结点，用对焊接长，形成钢筋网和钢筋骨架。整装件由运输机械成批运至现场，用起重机具吊运入仓就位，按图拼合成型。整装在运、吊过程中要采取加固措施，合理布置支撑点和吊点，以防过大的变形和破坏。

无论整装或散装，钢筋应避免油污，安装的位置、间距、保护层及各个部位的型号、规格均应符合设计要求，安装的偏差不超过表6-3的规定。

表6-3　钢筋安装允许偏差

项次	偏差名称		允许偏差
1	钢筋长度方面偏差		±1/2净保护层厚
2	同一排受力钢筋间距的局部偏差	柱及梁中	±0.5*d*
		板、墙中	±0.1间距
3	同一排中分布钢筋间距的偏差		±0.1间距
4	双排钢筋，其排与排间的局部偏差		±0.1排距
5	梁与柱中钢筋箍间距的偏差		0.1箍筋间距
6	保护层厚度的局部偏差		±1/4净保护层厚

注：d为受力钢筋直径。

钢筋的配料与代换

（一）钢筋的配料

钢筋加工前应根据图纸按不同构件先编制配料单，然后进行备料加工。

下料长度计算是配料计算中的关键。钢筋弯曲时，其外壁伸长，内壁缩短，而中心线长度并不改变。但是设计图中注明的尺寸是根据外包尺寸计算的，且不包括端头弯钩长度。显然，外包尺寸大于中心线长度，它们之间存在一个差值，称为“量度差值”。因此，钢筋的下料长度应为：

钢筋下料长度=外包尺寸+端头弯钩长度−量度差值　　（6-1）

箍筋下料长度=箍筋周长+箍筋调整值　　（6-2）

1．半圆弯钩的增加长度

在实际配料时，对弯钩半圆增加长度常根据具体条件采用经验数据，见表6-4。

表6-4　半圆弯钩整机长度参考

钢筋直径/mm	≤6	8～10	12～18	20～28	32～36
一个弯钩长度/mm	40*d*	6*d*	5.5*d*	5*d*	4.5*d*

2．量度差值

常用弯曲角度的量度差值，可采用表6-5数值。

表6-5　钢筋弯曲量度差值

钢筋弯曲角度	30°	45°	60°	90°	135°
量度偏差	0.35*d*	0.5*d*	0.85*d*	2*d*	2.5*d*

3．箍筋调整值

箍筋调整值为弯钩增加长度与弯曲量度差值两项之代数和，需根据箍筋外包尺寸或内包尺寸而定，见表6-6。

表6-6　箍筋调整值

单位：mm

箍筋量度方法	箍筋直径			
	4～5	6	8	10～12
量外包尺寸	40	50	60	70
量内包尺寸	80	100	120	150～170

（二）钢筋的代换

如果在施工中供应的钢筋品种和规格与设计图纸要求不符时，允许进行代换。但代换时应征得设计单位的同意，充分了解设计意图和代换钢材的性能，严格遵守规范的各项规定。按不同的控制方法，钢筋代换有以下三种：

①当结构件是按强度控制时，可按强度等同原则代换，称等强代换。如设计图中所用钢筋强度为 f_{y1} 钢筋总面积为 A_{s1} 代换后钢筋强度为 f_{y2}，钢筋总面积为 A_{s2} 则应满足

$$f_{y2}A_{s2} \geq f_{y1}A_{s1} \tag{6-3}$$

②当结构件按最小配筋率控制时，可按钢筋面积相等的原则代换，称等面积代换，即

$$A_{s1} = A_{s2} \tag{6-4}$$

式中：A_{s1}——原设计钢筋的计算面积；

A_{s2}——拟代换钢筋的计算面积。

③当结构件按裂缝宽度或挠度控制时，钢筋的代换需进行裂缝宽度或挠度验算。代换后，还应满足构造方面的要求（如钢筋间距、最小直径、最少根数、锚固长度、对称性等）及设计中提出的特殊要求（如冲击韧性、抗腐蚀性等）。

第三节　模板工程

模板工程是混凝土浇筑时使之成型的模具及其支撑体系的工程，模板工程量大，材料和劳动力消耗多。因此，正确选择材料组成和合理组织施工，直接关系到结构物的工程质量和造价。

模板包括接触混凝土并控制其尺寸、形状、位置的构造部分，以及支持和固定它的杆件、桁架、联结件等支撑体系。其主要作用是对新浇塑性混凝土起成型和支撑作用，同时还具有保护和改善混凝土表面质量的作用。模板及其支撑系统必须满足下列要求：

①保证工程结构和构件各部分形状尺寸和相互位置的正确。

②具有足够的承载能力、刚度和稳定性，以保证施工安全。

③构造简单，装拆方便，能多次周转使用。

④模板的接缝应严密，不漏浆。

⑤模板与混凝土的接触面应涂隔离剂脱模。

一、模板的基本类型

按制作材料，模板可分为木模板、钢模板、混凝土和钢筋混凝土预制模板。按模板形状可分为平面模板和曲面模板。

按受力条件，模板可分为承重模板和侧面模板。侧面模板按其支撑受力方式，又分为简支模板、悬臂模板和半悬臂模板。

按架立和工作特征，模板可分为固定式、拆移式、移动式和滑动式。固定式模板多用于起伏的基础部位或特殊的异形结构，如蜗壳或扭曲面，因大小不等、形状各异，难以重复使用。拆移式、移动式和滑动式模板可重复或连续在形状一致或变化不大的结构上使用，有利于实现标准化和系列化。

（一）拆移式模板

拆移式模板适应于浇筑块表面为平面的情况，可做成定型的标准模板，其标准尺寸，大型的为100cm×（325～525）cm，小型的为（75～100）cm×150cm。前者适用于3～5m高的浇筑块，需小型机具吊装；后者用于薄层浇筑，可人力搬运，如图6-1所示。

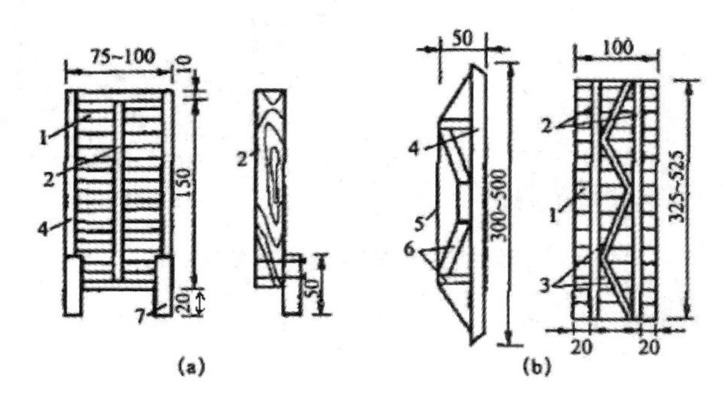

图6-1　平面标准模板（单位：cm）

1．面板；2．肋木；3．加劲木；4．方木；5．拉条；6．桁架木；7．支撑木平面木模板由面板、加劲肋和支架三个基本部分组成。加劲肋（板样肋）把面板联结起来，并由支架安装在混凝土浇筑块上。

架立模板的支架，常用围囹和桁架梁，如图6-2所示。桁架梁多用方木和钢筋制作。立模时，将桁架梁下端插入预埋在下层混凝土块内的U形埋件中。当浇筑块薄时，上端用钢拉条对拉；当浇筑块大时，则采用斜拉条固定，以防模板变形。钢筋拉条直径大于8mm，间距为1～2m，斜拉角度为30°～45°。

悬臂钢模板由面板、支撑柱和预埋联结件组成U面板，采用定型组合钢模板拼装或直接用钢板焊制。支撑模板的立柱有型钢梁和钢桁架两种，视浇筑块高度而定。预埋在下层混凝土内的联结件有螺栓式和插座式（U形铁件）两种。

图6-3为悬臂钢模板的一种结构形式。其支撑柱由型钢制作，下端伸出较长，并用两个接点锚固在预埋螺栓上，可视为固结。立柱上部不用拉条，以悬臂作用支撑混凝土侧压力及面板自重。

采用悬臂钢模板，由于仓内无拉条，模板整体拼装为大体积混凝土机械化施工创造了有利条件。且模板本身的安装比较简单，重复使用次数高（可达100多次）。但模板重量大（每块模板重0.5～2t），需要起重机配合吊装。由于模板顶部容易移位，故浇筑高度受到限制，一般为1.5～2m。用钢桁架作支撑柱时，高度也不宜超过3m。

此外，还有一种半悬臂模板，常用高度有3.2m和2.2m两种。半悬臂模板结构简单，装拆方便，但支撑柱下端固结程度不如悬臂模板，故仓内需要设置短拉条，对仓内作业有影响。

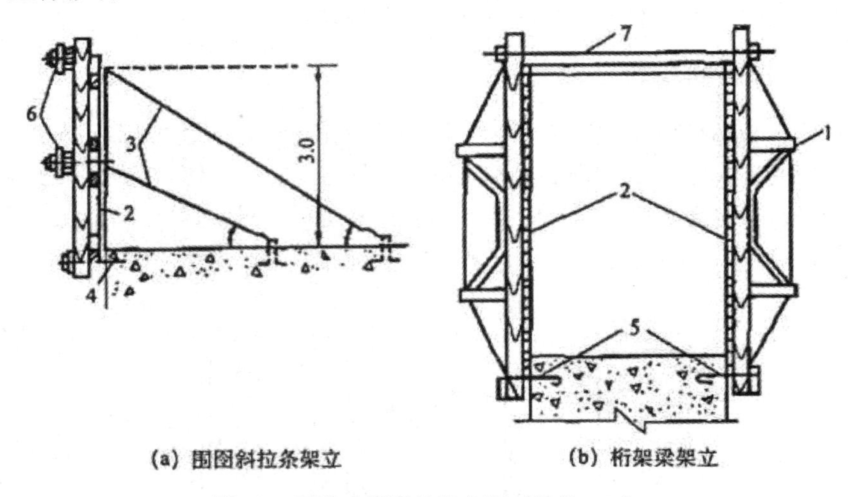

图6-2　拆移式模板的架立图（单位：m）

1．钢桁架；2．木面板；3．斜拉条；4．预埋锚筋；5．U形埋件；6．横向围囹；7．对拉条

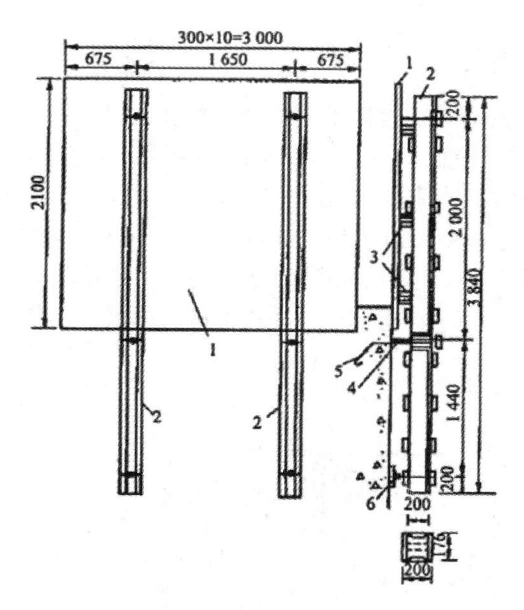

图6-3　悬臂钢模板（单位：mm）

1．面板；2．支臂柱；3．横钢楞；4．紧固螺母；5．预埋螺锞栓；6．千斤顶螺栓

一般标准大模板的重复利用次数即周转率为5～10次，而钢木混合模板的周转率为30～50次，木材消耗减少90%以上。由于是大块组装和拆卸，故劳力、材料、费用大为降低。

（二）移动式模板

对定型的建筑物，根据建筑物外形轮廓特征，做一段定型模板。在支撑钢架上装上行驶轮，沿建筑物长度方向铺设轨道分段移动，分段浇筑混凝土。移动时，只需将顶推模板的花篮螺丝或千斤顶收缩，使模板与混凝土面脱开，模板即可随同钢架移动到拟浇注混凝土的部位，再用花篮螺丝或千斤顶调整模板至设计浇筑尺寸，如图6-4所示。移动式模板多用钢模板，作为浇筑混凝土墙和隧洞混凝土衬砌使用。

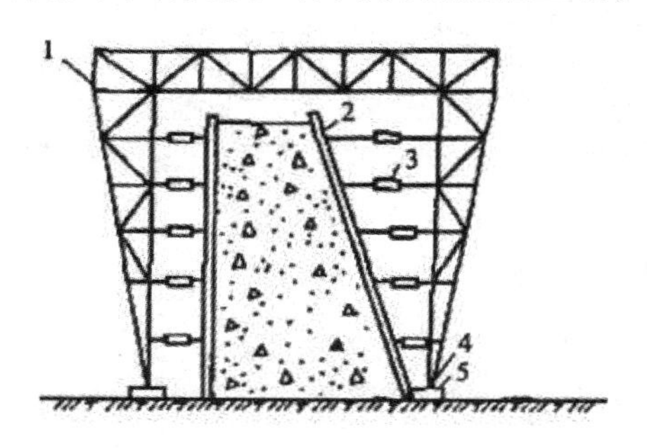

图6-4　移动式模板浇筑混凝土墙

1．支撑钢架；2．钢模板；3．花篮螺丝；4．行驶轮；5．轨道

（三）自升式模板

这种模板的面板由组合钢模板安装而成，桁架、提升柱由型钢、钢管焊接而成，如图6-5所示为自升悬臂模板。其自升过程如图6-6所示，图6-6中（a）所示为提升柱向外移动5cm；（b)所示为将提升柱提升到指定位置；（c)所示为面板锚固螺栓松开，使面板脱离混凝土面15cm；（d）所示为模板到位后，利用桁架上的调节丝杆调整模板位置，准备浇筑混凝土。这种模板的突出优点是自重轻，自升电动装置具有力矩限制与行程控制功能，运行安全可靠，升程准确。模板采用插挂式锚钩，简单实用，定位准，拆装快。

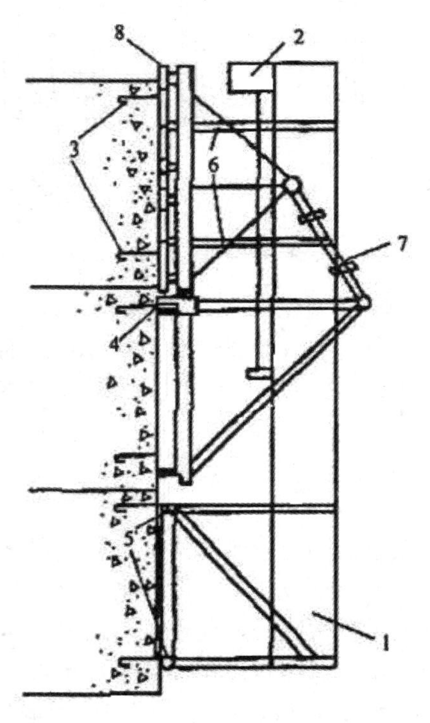

图6-5 自升悬臂模板

1．提升柱；2．提升机械；3．预定锚栓；4．模板锚固件；5．提升锚固件；6．柱模板连接螺栓；7．调节丝杆；8．模板

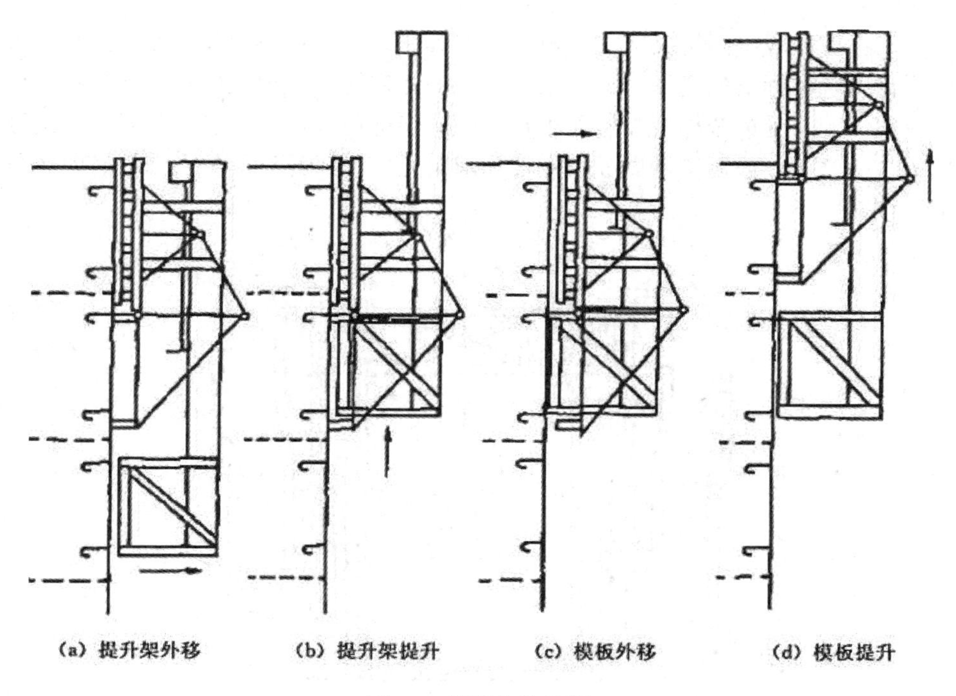

图6-6　模板自升过程

（四）滑动式模板

滑动式模板是在混凝土浇筑过程中，随浇筑而滑移（滑升、拉升或水平滑移）的模板，简称滑模，以竖向滑升应用最广。

滑升式模板是先在地面上按照建筑物的平面轮廓组装一套1.0～1.2m高的模板，随着浇筑层的不断上升而逐渐滑升，直至完成整个建筑物计划高度内的浇筑。

滑模施工可以节约模板和支撑材料，加快施工进度，改善施工条件，保证结构的整体性，提高混凝土表面质量，降低工程造价。其缺点是滑模系统一次性投资大，耗钢量大，且保温条件差，不宜于低温季节使用。

滑模施工最适于断面形状、尺寸、沿高度基本不变的高耸建筑物，如竖井、沉井、墩墙、烟囱、水塔、筒仓、框架结构等的现场浇筑，也可用于大坝溢流面、双曲线冷却塔及水平长条形规则结构、构件施工。

滑升模板如图6-7所示，由模板系统、操作平台系统和液压支撑系统三部分组成。模板系统包括模板、围圈和提升架等。模板多用钢模或钢木混合模板，其高度取决于滑升速度和混凝土达到出模强度（0.05～0.25MPa）所需的时间，一般高1.0～1.2m。为减小滑升时与混凝土间的摩擦力，应将模板自下向上稍向内倾斜，做成单面为0.2%～0.5%模板高度的正锥度。围圈用于支撑和固定模板，上下各布置一道，它承受由模板传来的水平侧压力和由滑升摩阻力、模板与圈梁自量、操作平台自重及其上的施工荷载产生的竖向力，多用角钢或槽钢制成。如果围圈所受的水平力和竖向力很大，也可做成平面桁架或空间桁架，使其具有大的承载力和刚度，防止模板和操作平台出现超标准的变形。提升架的作用是固定围圈，把模板系统和操作平台系统连成整体，承受整个模板和操作平台系统的全部荷载，并将竖向荷载传递给液压千斤顶。提升架一般用槽钢做成由双柱和双梁组成的“开”形架，立柱有时也采用方木制作。

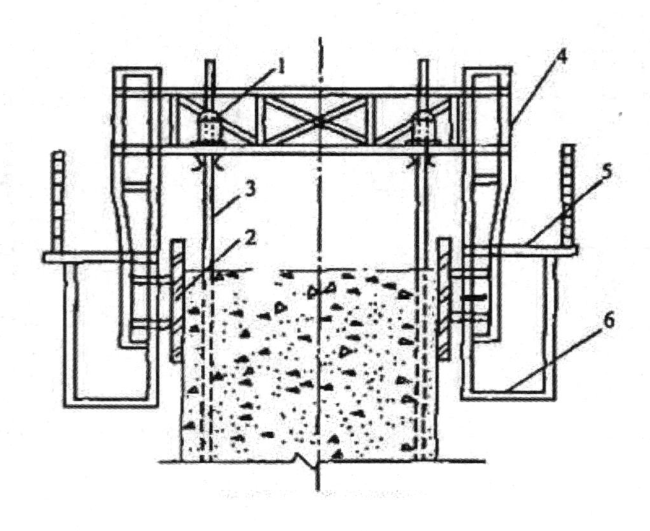

图6-7 滑升模板

1．液压千斤顶；2．钢模板；3．金属爬杆；4．提升架；5．操作平台；6．吊架

操作平台系统包括操作平台和内外吊脚手，可承放液压控制台，临时堆存钢筋或混凝土，以及作为修饰刚刚出模的混凝土面的施工操作场所，一般为木结构或钢木混合结构。液压支撑系统包括支撑杆、穿心式液压千斤顶、输油管路和液压控制台等，是使模板向上滑升的动力和支撑装置。

支撑杆。支撑杆又称爬杆，它既是液压千斤顶爬升的轨道，又是滑模装置的承重支柱，承受施工过程中的全部荷载。

支撑杆的规格与直径要与选用的千斤顶相适应，目前使用的额定起重量为30kN的滚珠式卡具千斤顶，其支撑杆一般采用φ25mm的Q235圆钢。支撑杆应调直、除锈，当I级圆钢采用冷拉调直时，冷拉率控制在3%以内。支撑杆的加工长度一般为3～5m，其连接方法可使用丝扣连接、榫接和剖口焊接，如图6-8所示。丝扣连接操作简单，使用安全可靠，但机械加工量大。榫接也有操作简单和机械加工量大的特点，滑升过程中易被千斤顶的卡头带起。采用剖口焊接时，接口处倘若略有偏斜或凸疤，则要用手提砂轮机处理平整，使其能通过千斤顶孔道。当采用工具式支撑杆时，应用丝扣连接。

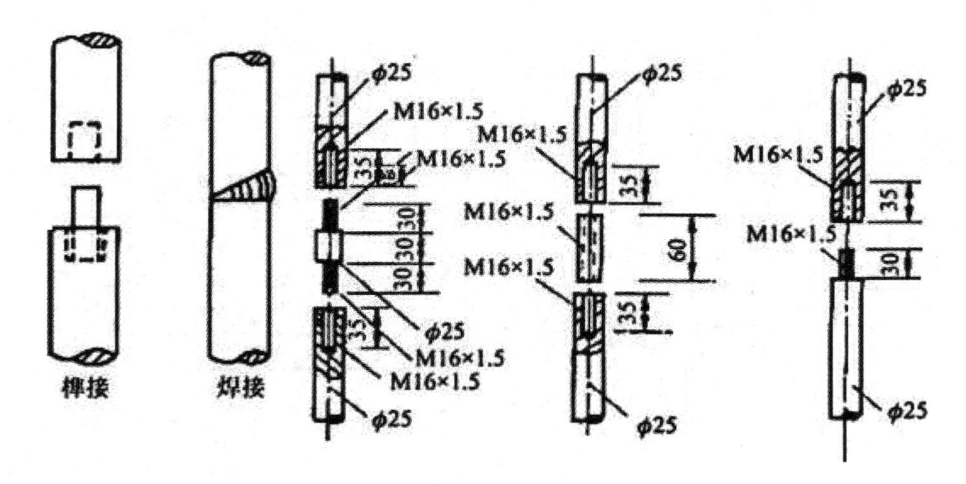

图6-8　支撑杆的连接（单位：mm）

液压千斤顶。滑模工程中所用的千斤顶为穿心液压千斤顶，支撑杆从其中心穿过。按千斤顶卡具形式的不同可分为滚珠卡具式和楔块卡具式。千斤顶的允许承载力，即工作起重量一般不应超过其额定起重量的1/2。

液压控制台。液压控制台是液压传动系统的控制中心，主要由电动机、齿轮油泵、溢流阀、换向阀、分油器和油箱等组成。

液压控制台按操作方式的不同，可分为手动和自动两种控制形式。

油路系统。油路系统是连接控制台到千斤顶的液压通路，主要由油管、管接头、分油器和截止阀等组成。

油管一般采用高压无缝钢管或高压耐油橡胶管，与千斤顶连接的支油管最好使用高压胶管，油管耐压力应大于油泵压力的1.5倍。

截止阀又称针形阀，用于调节管路及千斤顶的液体流量，以控制千斤顶的升差，一般设置于分油器上或千斤顶与油管连接处。

（五）混凝土及钢筋混凝土预制模板

混凝土及钢筋混凝土预制模板既是模板，也是建筑物的护面结构，浇筑后作为建筑物的外壳，不予拆除。素混凝土模板靠自重稳定，可作直壁式模板[如图6-9（a）]，也可作倒悬式模板[图6-9（b）]。

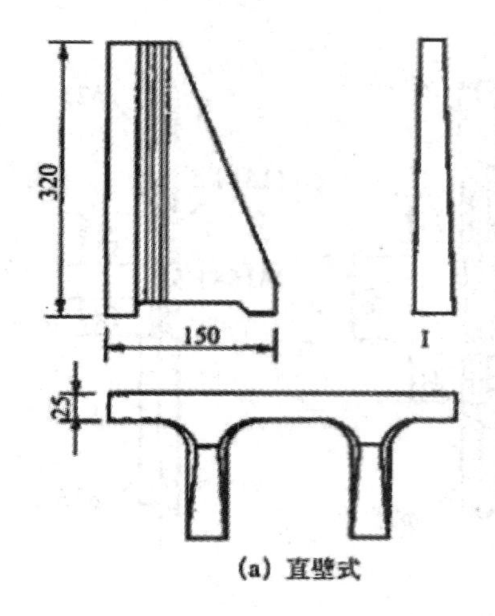

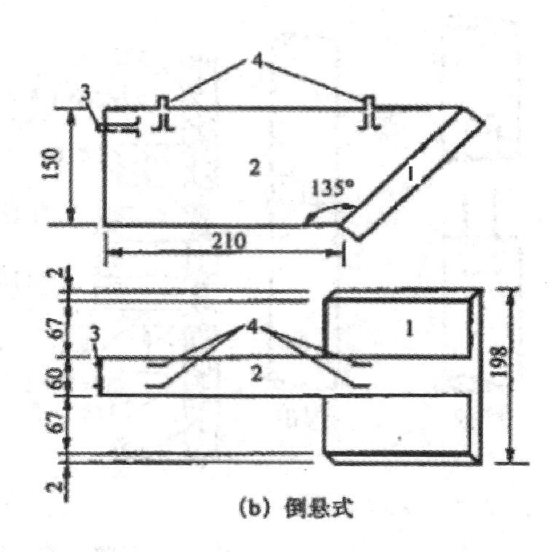

图6-9　混凝土预制模板（单位：cm）

1．面板；2．肋墙；3．连接预埋环；4．预埋吊环

钢筋混凝土模板既可作建筑物表面的镶面板，也可作厂房、空腹坝顶拱和廊道顶拱的承重模板，如图6-10所示。这样避免了高架立模，既有利于施工安全，又有利于加快施工进度，节约材料，降低成本。

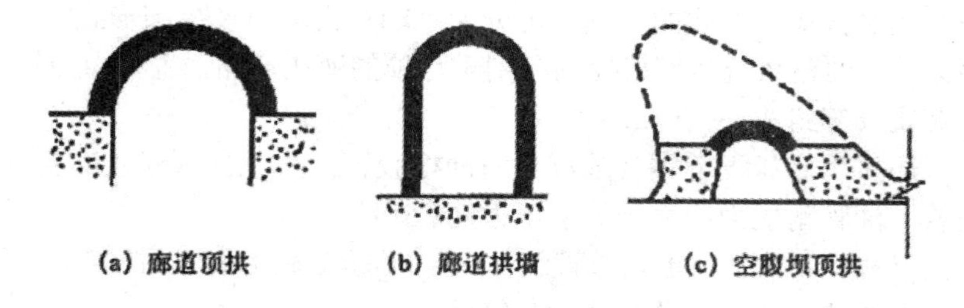

图6-10　钢筋混凝土承重模板

预制混凝土和钢筋混凝土模板质量较大，常需起重设备起吊，所以在模板预制时都应预埋吊环供起吊用。对于不拆除的预制模板，对模板与新浇混凝土的结合面需进行凿毛处理。

二、模板受力分析

模板及其支撑结构应具有足够的强度、刚度和稳定性，必须能承受施工中可能出现的各种荷载的最不利组合，其结构变形应在允许范围以内。模板及其支架承受的荷载分为基本荷载和特殊荷载两类。

（一）基本荷载

基本荷载包括：

①模板及其支架的自重。根据设计图确定。木材的密度，针叶类按600kg/m^{3}计算，阔叶类按800kg/m^{3}计算。

②新浇混凝土重量。通常可按24～25kN/m^{3}计算。

③钢筋重量。对一般钢筋混凝土，可按1kN/m^{3}计算。

④工作人员及浇筑设备、工具等荷载。计算模板及直接支撑模板的楞木时，可按均布活荷载2.5kN/m^{2}及集中荷载2.5kN/m^{3}验算。计算支撑楞木的构件时，可按1.5kN/m^{2}计算；计算支架立柱时，可按1kN/m^{2}计算。

⑤振捣混凝土产生的荷载。可按1kN/m^{2}计算。

⑥新浇混凝土的侧压力。与混凝土初凝前的浇筑速度、捣实方法、凝固速度、坍落度及浇筑块的平面尺寸等因素有关，前三个因素关系最为密切。在振动影响范围内，混凝土因振动而液化，可按静水压力计算其侧压力，所不同者，只是用流态混凝土的容重取代水的容重。当计入温度和浇筑速度的影响、混凝土不加缓凝剂，且坍落度在11cm以内时，新浇大体积混凝土的最大侧压力值可参考表6-7选用。

表6-7　混凝土最大侧压力值

温度/℃	平均浇筑速度/（m·h^{-1}）						混凝土侧压力分布图
	0.1	0.2	0.3	0.4	0.5	0.6	$h_m=\frac{P_m}{y1}$ R_m $3h_m$
5	2.30	2.60	2.80	3.00	3.20	3.30	
10	2.00	2.30	2.50	2.70	2.90	3.00	
15	1.80	2.10	2.30	2.50	2.70	2.80	
20	1.50	1.80	2.00	2.20	2.40	2.50	
25	1.30	1.60	1.80	2.00	2.20	2.30	

注：压力的法定计算单位为Pa，1tf/m^2=9.806Pa。

（二）特殊荷载背题

特殊荷载包括：

①风荷载。根据施工地区和立模部位离地面的高度，按现行《工用与民用建筑荷载规范》（TJ 9—1974）确定。

②上列荷载以外的其他荷载。

（三）基本荷载组合

在计算模板及支架的强度和刚度时，应根据模板的种类，选择表6-8的基本荷载组合。特殊荷载可按实际情况计算，如平仓机、非模板工程的脚手架、工作平台、混凝土浇筑过程中不对称的水平推力及重心偏移、超过规定堆放的材料等。

表6-8　各种模板结构的基本荷载组合

项次	模板种类	基本荷载组合	
		计算强度用	计算刚度用
1	承重模板 ①板、薄壳模板及支架 ②梁、其他混凝土结构（厚度大于0.4m）的底模板及支架	①+②+③+④ ①+②+③+⑤	①+②+③ ①+②+③
2	竖向模板	⑥或⑤⑥	⑥

（四）承重模板及支架的抗倾稳定性验算

承重模板及支架的抗倾稳定性应按下列要求核算：

倾覆力矩。应计算下列三项倾覆力矩，并采用其中的最大值，水荷载，按《建筑结构荷载规范》（GB 50009—2012）确定；实际可能发生的最大水平作用力；作用于承重模板边缘1.5kN/m的水平力。

稳定力矩。模板及支架的自重，折减系数为0.8；如同时安装钢筋，应包括钢筋的重量。

抗倾稳定系数。抗倾稳定系数大于1.4。

模板的跨度大于4m时，其设计起拱值通常取跨度的0.3%左右。

三、模板的制作、安装和拆除

（一）模板的制作

大中型混凝土工程模板通常由专门的加工厂制作，采用机械化流水作业，以利于提高模板的生产率和加工质量。模板制作的允许误差应符合表6-9的规定。

表6-9　模板制作的允许偏差

单位：mm

模板类型	偏差名称	允许偏差
木板	（1）小型模板，长和宽	±3
	（2）大型模板，长和宽（长、宽大于3m）	±5
	（3）模板面平整度（未经抛光）	
	1）相邻两板面高差	1
	2）局部不平（用2m直尺检查）	5
	（4）面板间隙	2
钢板	（5）模板，长和宽	±2
	（6）模板面局部不平（用2m直尺检查）	2
	（7）连配件的孔眼位置	±1

（二）模板的安装

模板安装必须按设计图纸测量放样，对重要结构应多设控制点，以利检查校正。模板安装好后，要进行质量检查；检查合格后。才能进行下一道工序。应经常保持足够的固定设施，以防模板倾覆。对于大体积混凝土浇筑块，成型后的偏差不应超过木模安装允许偏差的50%～100%，取值大小视结构物的重要性而定。水工建筑物混凝土木模安装的允许偏差，应根据结构物的安全、运行条件、经济和美观要求确定，一般不得超过表6-10规定的偏差值。

表6-10　大体积混凝土木模安装的允许偏差

单位：mm

项次	偏差项目		混凝土结构的部位	
			外露表面	隐藏内面
1	平板平整度	相邻两面板高差	3	5
2		局部不平（用2m直尺检查）	5	10
3	结构物边线与设计边线		10	15
4	结构物水平截面内部尺寸		±20	
5	承重木板标高		±5	
6	预留孔、洞尺寸及位置		10	

（三）模板的拆除

拆模的迟早直接影响混凝土质量和模板使用的周转率。施工规范规定，非承重侧面模板，混凝土强度应达到2.5MPa以上，其表面和棱角不因拆模而损坏时方可拆除。一般需2～7d，夏天需2～4d，冬天需5～7d。混凝土表面质量要求高的部位，拆模时间宜晚一些。而钢筋混凝土结构的承重模板，要求达到下列规定值（按混凝土设计强度等级的百分率计算）时才能拆模。

①悬臂板、梁。跨度＜2m，70%；跨度＞2m，100%。

②其他梁、板、拱。跨度＜2m，50%；跨度2～8m，70%；跨度＞8m，100%。拆模的程序和方法：在同一浇筑仓的模板，按“先装的后拆，后装的先拆”的原则，按次序、有步骤地进行，不能乱撬。拆模时，应尽量减少对模板的损坏，以提高模板的周转次数。要注意防止大片模板坠落；高处拆组合钢模板，应使用绳索逐块下放，模板连接件、支撑件及时清理，收检归堆。

参考文献

[1]袁光裕，胡志根．水利工程施工[M]．北京：中国水利水电出版社，2016.

[2]杨康宁．水利水电工程施工技术[M]．北京：中国水利水电出版社，1997.

[3]董邑宁．水利工程施工技术与组织[M]．北京：中国水利水电出版社，2010.

[4]王文田．大型调水工程综合施工技术[M]．北京：中国水利水电出版社，2016.

[5]钟汉华，冷涛，刘军号．水利水电工程施工技术[M]．北京：中国水利水电出版社，2010.

[6]丁秀英，张梦宇．水闸设计与施工[M]．北京：中国水利水电出版社，2015.

[7]宋春发，费成效．水闸设计与施工[M]．北京：中国水利水电出版社，2015.

[8]汪伦焰．大型引水渠道衬砌施工与管理[M]．北京：中国水利水电出版社，2014.

[9]王虹，蒋明学．钢筋混凝土与砌体结构工程施工[M]．北京：中国水利水电出版社，2014.

[10]黄亚梅，张军．水利工程施工技术[M]．北京：中国水利水电出版社，2014.

[11]刘灵辉．水利水电工程移民长期补偿机制与新农村建设相结合研究[J]．中国人口•资源与环境，2015，04:141-148.

[12]陈凯麒，葛怀凤，严勰．水利水电工程中的生物多样性保护——将生物多样性影响评价纳入水利水电工程环评[J]．水利学报，2013，05:608-614.

[13]李芬花．水利水电工程系统的风险评估方法研究[D]．华北电力大学（北京），2011.

[14]司源．水利水电工程对生态环境的影响及保护对策[J]．人民黄河，2012，02:126-130.

[15]徐玖平，李姣．大型水利水电工程建设项目动态联盟组织模式的结构集成[J]．系统工程理论与实践，2012，11:2447-2458.

[16]张东亚．水利水电工程对鱼类的影响及保护措施[J]．水资源保护，2011，05:75-77.

[17]贾硕．水利水电工程生态环境影响评价指标体系与评价方法的研究[D]．河北农业大学，2011.

[18]田玲．水利水电工程规划方案多目标决策方法研究[D]．河北农业大学，2011.

[19]孔令岩．浅谈水利水电工程施工质量控制与管理[J]．珠江水运，2014，03:70-71.

[20]封永秋．水利水电工程施工技术分析[J]．黑龙江科技信息，2014，28:209+58.

[21]张君伟．水利水电工程移民安置项目后评价研究[D]．河海大学，2006.

[22]娄新，李敬业，吕富军，等．浅析加强水利施工管理的有效措施[J]．房地产导刊，2014.

[23]朱行明．水利水电企业安全投入与安全效益关系研究[D]．重庆大学，2009.

[24]黄宾．水利水电工程项目安全事故分析与预控[D]．重庆大学，2007.

[25]吴品．水利水电企业水利水电安全管理的成本效益分析[D]．重庆大学，2008.